**Aniket Ingole**
**Sweety Kumari**

# ESTAÇÕES DE TRATAMENTO DE ÁGUAS RESIDUAIS SUSTENTÁVEIS

**Aniket Ingole**
**Sweety Kumari**

# ESTAÇÕES DE TRATAMENTO DE ÁGUAS RESIDUAIS SUSTENTÁVEIS

## COM RECURSOS RECUPERAÇÃO DE RECURSOS NOS PAÍSES EM DESENVOLVIMENTO

**ScienciaScripts**

**Imprint**

Any brand names and product names mentioned in this book are subject to trademark, brand or patent protection and are trademarks or registered trademarks of their respective holders. The use of brand names, product names, common names, trade names, product descriptions etc. even without a particular marking in this work is in no way to be construed to mean that such names may be regarded as unrestricted in respect of trademark and brand protection legislation and could thus be used by anyone.

Cover image: www.ingimage.com

This book is a translation from the original published under ISBN 978-620-8-17213-8.

Publisher:
Sciencia Scripts
is a trademark of
Dodo Books Indian Ocean Ltd. and OmniScriptum S.R.L publishing group

120 High Road, East Finchley, London, N2 9ED, United Kingdom
Str. Armeneasca 28/1, office 1, Chisinau MD-2012, Republic of Moldova, Europe
Printed at: see last page
**ISBN: 978-620-8-27459-7**

# ESTAÇÕES DE TRATAMENTO DE ÁGUAS RESIDUAIS SUSTENTÁVEIS COM RECUPERAÇÃO DE RECURSOS NOS PAÍSES EM DESENVOLVIMENTO

# RESUMO

*Os cenários climáticos actuais mostram que, no futuro, teremos períodos de seca mais longos e precipitações mais intensas, o que aumenta a vulnerabilidade dos nossos sistemas de abastecimento de água potável e de gestão dos esgotos. As ilhas são sensíveis às próximas alterações climáticas, uma vez que dispõem de pequenos recursos hídricos e raramente dispõem de um abastecimento de água municipal. Os sistemas hídricos actuais são lineares, em que as águas residuais purificadas são devolvidas diretamente à natureza. Para obter uma gestão sustentável das águas residuais, pode ser introduzida uma utilização da água que imite o ciclo hidrológico. O objetivo do estudo é investigar o abastecimento de água, o sistema de água e esgotos, a atitude em relação à reutilização das águas residuais, bem como se a aquacultura circular é um sistema sustentável em países em desenvolvimento.*

*Os resultados indicam que os ilhéus gerem, em geral, os seus recursos hídricos e que uma atitude duvidosa em relação à reutilização de águas negras pode dever-se ao chamado fator de repugnância. Apesar de uma aceitação variável da reutilização da água, podem ser introduzidos na ilha sistemas de água mais circulares, o que permite aos países em desenvolvimento uma gestão mais sustentável das suas águas residuais.*

***Palavras-chave****: utilização circular da água, abastecimento de água potável, gestão de esgotos, sustentabilidade.*

# ÍNDICE DE CONTEÚDOS


CAPÍTULO 1 ........................................................4

CAPÍTULO 2 ......................................................10

CAPÍTULO 3 ......................................................26

CAPÍTULO 4 ......................................................50

REFERÊNCIAS ...................................................52

# CAPÍTULO 1
# INTRODUÇÃO

## 1.1 Antecedentes da investigação

Os recursos hídricos de uma região dependem, em primeiro lugar, do seu clima - precipitação atmosférica, temperatura e evapotranspiração - e também do possível afluxo de água de bacias hidrográficas que podem ser partilhadas com outros países.

A disponibilidade dos recursos hídricos não é constante ao longo do ano, reflectindo a sazonalidade climática. Por outro lado, as necessidades de água para as actividades humanas também não são constantes: alguns factores induzem um aumento permanente das necessidades de água, como o crescimento demográfico, a urbanização crescente, o desenvolvimento industrial e a agricultura; outros factores determinam aumentos sazonais das necessidades de água, principalmente a agricultura e o turismo (que determina um elevado crescimento demográfico num período muito curto), muitas vezes em períodos de baixa pluviosidade e elevada evaporação. Estas situações podem conduzir a graves desequilíbrios entre as necessidades e a disponibilidade de água, que podem atingir níveis graves em anos de escassez anormal de precipitação.

A degradação da qualidade das águas naturais, resultante de um controlo insuficiente da poluição antropogénica, introduz limitações à utilização de alguns recursos hídricos, acentuando os desequilíbrios. Balanços quantitativos entre a procura e a disponibilidade de água. Aos problemas de disponibilidade de água, em quantidade e qualidade, suficiente para satisfazer as necessidades somam-se as realizações. Consequências das alterações climáticas. Os estudos sobre as previsões de tais consequências são ainda insuficientes para configurar uma perspetiva clara. No entanto, tanto as secas como as inundações, anunciadas como consequências prováveis das alterações climáticas, concorrem para uma menor disponibilidade de água em quantidade, no caso das secas, e em qualidade, no caso das inundações (Hamilton et al., 2007).

A gestão dos recursos hídricos surge assim, no início do século XXI, como um dos paradigmas de sustentabilidade do desenvolvimento social. A aplicação do conceito de sustentabilidade à utilização dos recursos pode ser traduzida como a otimização dos correspondentes benefícios dessa utilização no presente, sem pôr em causa a possibilidade de as rações futuras poderem usufruir de benefícios

4

semelhantes. Em termos práticos, a gestão sustentável dos recursos hídricos deve procurar uma resposta para questões como: Por quanto tempo será possível assegurar a disponibilidade de fontes de água fiáveis para as necessidades de uma região? Como gerir o antagonismo entre a exploração crescente dos cursos de água e a conservação do ambiente? Como evitar as consequências desastrosas da escassez de água que ameaçam cada vez mais as áreas mais extensas?

O desenvolvimento tecnológico responde a algumas questões do desenvolvimento dos recursos hídricos, como a construção de grandes barragens ou a dessalinização da água do mar, mas não é suficiente para garantir a sustentabilidade da gestão desses recursos. É necessária a adoção concomitante de outras estratégias, com o objetivo de conservar os recursos hídricos existentes, como a implementação de medidas para o uso mais eficiente da água e a reutilização da água. Esta última estratégia - a reutilização da água para fins múltiplos - tem emergido nos últimos anos, de forma enfática, como paradigma de sustentabilidade da gestão dos recursos hídricos. Torna-se, assim, de relevante interesse compreender alguns conceitos associados à gestão sustentável dos recursos hídricos e a importância da valorização das águas residuais, através de tratamento adequado, para posterior utilização para um ou mais fins (Walsh, 2011).

O objeto deste estudo é a reutilização planeada da água, como estratégia componente da gestão sustentável dos recursos hídricos. A implementação desta estratégia deve basear-se num entendimento claro dos conceitos fundamentais inerentes a esta estratégia, como forma preventiva de interpretações diferentes de uma mesma situação. As definições são apresentadas a seguir. águas residuais tratadas para qualquer fim que constitua um benefício socioeconómico. O conceito de reutilização da água é, portanto, perfeitamente sinónimo de utilização de águas residuais (tratadas).

É frequentemente utilizada uma terminologia menos rigorosa, talvez a mais significativa: a reutilização das águas residuais, que considera estar implicada no facto de estas terem sido submetidas a um tratamento compatível com a sua utilização posterior.

No presente texto, as três designações são utilizadas indistintamente como sinónimos - reutilização da água, utilização de águas residuais e reutilização de águas residuais (Moondra et al., 2021).A água pode ser reutilizada múltiplas vezes e para diferentes fins, correspondendo sempre à utilização de águas residuais e de águas residuais submetidas a tratamento. Na literatura da especialidade, designa em língua espanhola, a expressão é frequentemente encontrada são "reutilização de água recuperada" em vez de "reutilização de água" denominação em correspondência mais direta com a terminologia Norte. - americana "reutilização de água para reutilização. A utilização de águas residuais tratadas é preferencialmente praticada para usos que exijam maior procura deste recurso e que sejam compatíveis com a qualidade mais comum dos efluentes das ETAR. A rega é o principal campo de aplicação para a reutilização de águas residuais, uma vez que a agricultura consome cerca de 65% dos recursos hídricos utilizados [Asano et al., 2007], percentagem que diminui nos países de agricultura mais desenvolvida e aumenta nos restantes. Mas a água é reutilizada para vários outros fins, nomeadamente os seguintes, citados por ordem decrescente de volume utilizado: rega paisagística (aplicação em que se destaca a rega de campos de golfe), reutilização industrial (principalmente como reciclagem de águas de refrigeração), recarga de aquíferos, certos usos recreativos e ambientais, utilização em zonas urbanas que não requerem o uso de água potável e ainda como fonte de reforço de água bruta para a produção de água para consumo humano.

Há alguns dias, realizou-se no Brasil o Fórum Mundial da Água. Ironicamente, enquanto mais de 9.000 participantes discutiam questões relacionadas com a água, encontrámo-nos numa cidade de 3 milhões de habitantes que está a atravessar uma crise de falta de água. Quando fiz o check-in no hotel, a primeira coisa que encontrei no meu quarto foi uma nota emitida pelo Governo com informações sobre a crise e recomendações de medidas para reduzir o consumo de água. Recentemente, também ouvimos falar dos problemas da Cidade do Cabo, na África do Sul, que estava à beira de ficar sem o líquido vital. E isto acontece em muitas cidades do mundo.

O que é evidente é que a forma como temos estado a gerir o recurso e os seus serviços não é uma solução sustentável. O planeamento tradicional dos investimentos e os esquemas de conceção e exploração baseiam-se numa visão linear: a água é extraída da fonte, é tratada, é utilizada, as águas residuais são tratadas e descarregadas numa massa recetora. Temos de passar deste modelo linear para um modelo circular baseado na redução da utilização e do consumo, na reutilização, na reciclagem, na restauração e na recuperação. Para tal, temos de repensar o atual modelo de tratamento de águas residuais.

Vários países em desenvolvimento estão a colaborar com a CAF e vários países na implementação de uma iniciativa intitulada "Tratamento de águas residuais:

From Waste to Resource" com o objetivo de encorajar esta mudança de paradigma. Como parte deste esforço, foi organizado um evento no Fórum Mundial da Água para discutir com vários governos e o sector privado os desafios e as oportunidades para promover esta mudança de paradigma. Temos de deixar de pensar nas águas residuais como um problema e passar a pensar numa solução que contribua para a prestação de serviços de infra-estruturas sustentáveis, que melhore a sustentabilidade financeira dos operadores e a qualidade ambiental e que reforce a resiliência dos sistemas. Deve passar-se de uma visão de "estações de tratamento de águas residuais" para uma visão de "instalações de recuperação de recursos". A recuperação de recursos de águas residuais já está a ser implementada em vários países do mundo, mas de uma forma ad hoc. Agora a pergunta de um milhão de dólares: o que é que precisamos para internalizar esta mudança de paradigma na nossa região? Algumas sugestões que emergiram do trabalho de Laugesen et al. (2010):

• Legislação adequada: Podem ser estabelecidas normas mínimas para a qualidade dos efluentes num país, como é o caso atualmente na maior parte da região. No entanto, essa legislação deve ser avaliada tendo em conta os custos da sua aplicação. O estabelecimento de normas rigorosas para os efluentes, adoptadas nos países desenvolvidos, tem um impacto negativo no ambiente, obrigando os países a gastar demasiado num número limitado de instalações, deixando outras fontes de poluição por tratar. A legislação deve ser formulada de acordo com os objectivos pretendidos nos organismos receptores. Do mesmo modo, a aplicação destes limites deve ser progressiva para garantir o respeito dos custos admissíveis.

• Regulamentação, políticas e incentivos intersectoriais: Estes instrumentos devem ser ajustados, alinhados, desenvolvidos e implementados em coordenação com outros sectores, uma vez que pode haver regulamentos existentes noutros sectores (por exemplo, agricultura, saúde) que não permitam a reutilização da água ou a utilização de biossólidos como fertilizante. As receitas da produção de bioenergia podem não ser possíveis se o sector da eletricidade ou o regulador não tiverem incentivos para encorajar a utilização, compra e/ou transporte de eletricidade produzida a partir do biogás. O nexo água-energia-alimentos deve ser estudado e compreendido ao nível da bacia hidrográfica. Só essa compreensão fornecerá adequadamente o reforço positivo necessário para acções políticas e regulamentares combinadas.

• Iniciativas desenvolvidas no âmbito de um quadro de planeamento de bacias hidrográficas: O planeamento de bacias hidrográficas permite a integração dos benefícios e impactos das intervenções propostas em múltiplos sectores, incorporando também riscos climáticos e considerações socioambientais. As metodologias recentes de planeamento de bacias hidrográficas incluem mecanismos participativos que promovem a redução dos conflitos entre os vários utilizadores. Os projectos desenvolvidos com esta abordagem promovem a otimização e eficiência dos recursos e maximizam o bem-estar económico e social sem comprometer a sustentabilidade dos ecossistemas. Como tal, deve ser dada maior prioridade a projectos com uma abordagem abrangente ao nível da bacia hidrográfica.

• As estações de tratamento devem ser avaliadas com base numa análise de todo o ciclo de vida, incluindo questões financeiras, ambientais (incluindo o clima) e sociais. As fontes de financiamento para O&M devem ser consideradas e garantidas antes do arranque de novas instalações, expansões e/ou reabilitações. Se o financiamento para O&M for insuficiente, devem ser avaliadas e possivelmente incorporadas tecnologias de menor custo, pelo menos numa fase inicial do programa de investimento. A contribuição da usina para o meio ambiente deve ser vista não apenas como uma melhoria na qualidade da água no corpo recetor, mas também como um benefício associado à reutilização da água (por exemplo, a substituição de fontes alternativas), à geração de energia a partir do biogás (por exemplo, mitigação e adaptação às mudanças climáticas) e ao uso de biossólidos como fertilizantes (por exemplo, a substituição de fertilizantes sintéticos). Além disso, as implicações sociais positivas da instalação devem ser consideradas para todo o ciclo (por exemplo, empregos gerados pela construção e operação e manutenção da instalação; aumento do valor da propriedade ao melhorar a qualidade do corpo recetor; uma fonte alternativa de água adequada para os agricultores; fertilizantes de baixo custo ao implementar um programa de biossólidos; melhoria da saúde da população).
As taxas podem então ser aprovadas e justificadas com base nessa análise do ciclo de vida. Os custos de O&M podem ser cobertos através dessas taxas e das receitas adicionais provenientes da venda desses recursos recuperados. uma fonte de água alternativa adequada para os agricultores; fertilizantes de baixo custo aquando da implementação de um programa de biossólidos; melhoria da saúde da população). As taxas podem então ser aprovadas e justificadas com base nessa análise do ciclo de vida. Os custos de O&M podem ser cobertos através dessas taxas e das receitas adicionais provenientes da venda desses recursos recuperados uma fonte de água alternativa adequada para os agricultores; fertilizantes de baixo custo aquando da implementação de um programa de biossólidos; melhoria da saúde da população). As tarifas podem

então ser aprovadas e justificadas com base nessa análise do ciclo de vida. Os custos de O&M podem ser cobertos através dessas taxas e das receitas adicionais provenientes da venda destes recursos recuperados (Laugesen e Fryd, 2009).

## 1.2 Objectivos da investigação

Analisar as várias práticas de tratamento de águas residuais
Analisar os efeitos ambientais e sanitários no processo de reutilização da água associados às caraterísticas das águas residuais

Analisar as aplicações da reutilização de águas residuais tratadas nos países em desenvolvimento
Analisar os requisitos de qualidade das águas residuais tratadas para reutilização nos países em desenvolvimento

## 1.3 Metodologia de investigação

Para efeitos do presente estudo, será efectuada uma análise da literatura, em que serão recolhidos dados secundários de várias fontes, que serão analisados para cumprir os objectivos do estudo.

## 1.4 Estrutura do estudo Capítulo 1: Introdução

Capítulo 2: A reutilização das águas residuais: Estratégia de Conservação da Água Capítulo 3: Aspectos Técnicos dos Sistemas de Reutilização de Água Capítulo 4: Conclusão

# CAPÍTULO 2
## A REUTILIZAÇÃO DAS ÁGUAS RESIDUAIS: ESTRATÉGIA DE CONSERVAÇÃO DA ÁGUA

### 2.1 As águas residuais urbanas são águas residuais domésticas

As águas residuais urbanas são as águas residuais domésticas ou uma mistura destas com as águas residuais industriais e a recolha de águas pluviais para a rede de drenagem pública. Assim, as águas residuais urbanas resultam da utilização de água que foi captada e tratada para assegurar o abastecimento de água potável às populações e às actividades económicas ligadas ao comércio e à indústria.

Após a sua transformação em águas residuais, a água captada na natureza (subterrânea ou superficial) regressa ao meio natural, através da sua descarga em águas superficiais - doces e costeiras - ou da sua infiltração no solo, desejavelmente após tratamento adequado. A água captada para abastecimento pode assim conter águas residuais, o que configura uma situação de reutilização indireta e não planeada da água muito frequente.

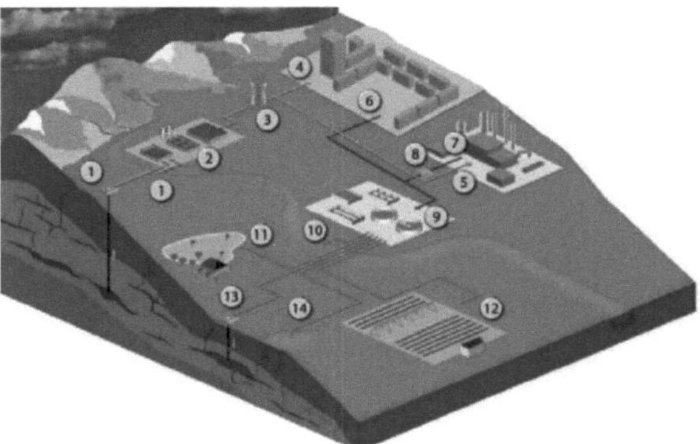

1 - Captação de água subterrânea ou superficial; 2 - ETA; 3 - Reservatório; 4 - Abastecimento urbano; 5 - Abastecimento industrial; 6 - Águas residuais urbanas; 7 - Águas residuais industriais; 8 - Pré-tratamento; 9 - ETAR; 10 - Descarga no recetor intermédio; Reutilização de águas residuais tratadas: 11 - Rega paisagística; 12 - Rega agrícola; 13 - Recarga de aquíferos em furo de injeção direta; 14 - Recarga de aquíferos em bacias de infiltração. Figura 1-2 - Ciclo de reutilização da água De que se trata, quando se fala em reutilização da água como estratégia de combate à escassez de recursos hídricos, trata-se de um

processo em que as águas residuais são tratadas e utilizadas, o que representa um benefício socioeconómico. A utilização de águas residuais tratadas contribui para a gestão de recursos hídricos mais sustentáveis, na medida em que:

a) contribui para aumentar os recursos hídricos necessários para satisfazer as necessidades actuais e futuras de utilizações mais nobres;

b) reduzindo o fluxo de águas residuais tratadas descarregadas nos receptores de água do meio, protegendo os ecossistemas e reduzindo o número de poluentes libertados no ambiente.

## 2.2 Aplicações da reutilização da água

A utilização de águas residuais tratadas é preferencialmente praticada para usos que exijam maior procura deste recurso e que não sejam compatíveis com a qualidade mais comum dos efluentes das ETAR. A rega é o maior campo de aplicação para a reutilização de águas residuais. dual, como a agricultura, consome cerca de 65% dos recursos hídricos utilizados [Asano et al., 2007], percentagem que diminui nos países de agricultura mais desenvolvida e aumenta nos restantes. Mas a água é reutilizada para vários outros fins, nomeadamente os seguintes, citados por ordem decrescente de volume utilizado: rega paisagística (aplicação em que se destaca a rega de campos de golfe), reutilização industrial (principalmente como reciclagem de água de refrigeração), recarga de aquíferos, certos usos recreativos e ambientais, utilização em zonas urbanas que não requerem o uso de água potável e ainda como fonte de reforço de água bruta para a produção de água para consumo humano.

## 2.3 Desafios da reutilização da água na Índia

O desenvolvimento da reutilização de águas na Índia não tem registo. As razões para que a reutilização de águas residuais tratadas não seja ainda uma prática comum na Índia são diversas, mas entre as de maior peso está, naturalmente, a existência de um certo receio, associado a algum desconhecimento por parte dos projectos de reutilização e mesmo das autoridades envolvidas na aprovação e licenciamento destes projectos, face aos riscos sanitários e ambientais.

O sistema institucional indiano está associado aos sistemas de águas residuais. é praticamente omisso no que respeita à implementação de sistemas de reutilização de águas residuais tratadas, o que, para além de não facilitar as iniciativas dos promotores destes sistemas, pode mesmo desencorajá-las, devido aos obstáculos e atrasos na obtenção de pareceres favoráveis. autoridades competentes. Na Índia, os projectos de reutilização de águas residuais tratadas ainda constituem práticas inovadoras, o que, por si só, justifica alguma relutância em aceitá-los publicamente. Além disso, trata-se de um tipo de projeto suscetível de gerar alguma controvérsia na sociedade. e caraterísticas das águas residuais tratadas. Obter normas aceites para os projectos de reutilização da água é, evidentemente, um desafio importante.

Nos países onde a reutilização da água já é uma prática comum, a maior dificuldade está normalmente associada ao desenvolvimento do sistema. mas a reutilização de águas residuais tratadas reside no seu custo. De um modo geral, a reutilização do efluente de uma ETAR só é economicamente atractiva se os locais de aplicação da água se situarem nas proximidades dessa ETAR, pois, caso contrário, exige grandes investimentos em sistemas de transporte dessa água. O peso do fator custo, determinado pela distância entre a origem da água (ETAR) e o local da sua utilização, depende da pressão da procura de água e da eventual disponibilidade de outras fontes alternativas de água, como a água dessalinizada, por exemplo.

Para que a reutilização da água se desenvolva na Índia de forma sustentável, as tentativas terão de se basear não só em conhecimentos científicos e tecnológicos, mas também no tratamento das águas residuais e nos impactos sanitários e ambientais.

Aspectos ambientais da utilização deste tipo de água, mas também na adaptação do sistema institucional e normativo de gestão da água, a fim de propor um enquadramento adequado para esta estratégia de gestão sustentável. dos recursos hídricos, e na aceitação da reutilização da água pelo público.

## 2.4 Caraterísticas das águas residuais relevantes para reutilização

As águas residuais urbanas são as águas residuais domésticas ou uma mistura destas com as águas residuais industriais e a recolha de águas pluviais para a rede de drenagem pública. As águas residuais urbanas podem conter substâncias. orgânicas e inorgânicas dissolvidas e em suspensão na água:

–das águas superficiais ou subterrâneas que constituem a fonte de água bruta
para a produção de água para consumo humano;
–adicionados e produzidos em reacções químicas e bioquímicas no discurso do
processo de tratamento de água bruta para produção de água potável;

–adicionados durante a utilização da água de abastecimento público. co para
múltiplas actividades: domésticas, comerciais, industriais e outras;
–transportados pela água da chuva em sistemas de drenagem unitários;

–introduzida com a água de infiltração nos colectores;

–produzidos por reacções químicas e bioquímicas durante o transporte no
sistema de drenagem;
–adicionados durante o transporte no sistema de drenagem para controlo do odor
e da corrosão.

As águas residuais urbanas são assim constituídas por uma mistura complexa de
substâncias, povoadas por numerosos microrganismos de vários tipos, muitos
dos quais de origem fecal e alguns patogénicos. Nas águas residuais, as
substâncias dissolvidas e em suspensão coloidal e verdadeiramente representam
apenas 0,1% [Mara, 1978].

O tratamento convencional das águas residuais urbanas, vulgarmente designado
por "tratamento secundário", não remove completamente os constituintes das
águas residuais, que são assim libertados para o meio ambiente. recetor,
normalmente uma massa de água superficial, mas também o solo em casos
menos frequentes, o que lhes permite atingir as águas subterrâneas. Desta forma,
as captações de águas superficiais e mesmo as adequadas para abastecimento
público, industrial ou agrícola, configuram, quase sempre, um caso de
reutilização indireta e não planeada de efluentes de ETAR. Nos projectos de
reutilização planeada devem ser tidos em conta os constituintes da água
residuais não removidos na ETAR, nomeadamente os microrganismos
patogénicos, que podem dar origem a problemas de saúde pública, mas também
os compostos não biodegradáveis. mais persistentes no ambiente, alguns dos
quais têm impactos cumulativos e efeitos ambientais adversos para os
ecossistemas e mesmo para o homem. No âmbito da reutilização de águas
residuais tratadas é muito importante o conhecimento do caudal disponível e das
suas flutuações, bem como das caraterísticas qualitativas das águas residuais não
tratadas, pois tal informação permite prever: a(s) aplicação(ões) da reutilização,
que depende do volume de água disponível; a composição da água a reutilizar,
que dependerá das caraterísticas das águas residuais brutas e do tipo de
tratamento que receberam na ETAR ou do que ainda deverão ser submetidas
para se adequarem ao(s) uso(s) pretendido(s). A caraterização desta entidade
complexa que são as áreas urbanas de águas residuais é sistematizada em três
grandes grupos de caraterísticas: físicas, químicas e biológicas.

## 2.5 Riscos sanitários e ambientais da reutilização de águas residuais

As águas residuais, mesmo tratadas, ainda contêm compostos químicos e microrganismos patogénicos em menor concentração quanto maior for o nível de tratamento. Na maioria das aplicações de reutilização, os riscos para a saúde e para o ambiente decorrentes destes constituintes são considerados praticamente inexistentes. No entanto, existem perigos cujo risco deve ser avaliado. Os microrganismos patogénicos podem causar doenças no homem e nos animais, algumas das quais muito graves. in. Além disso, certas substâncias, normalmente removidas de forma insuficiente e eficiente no processo de tratamento, são perigosas para a saúde humana quando ingeridas e, em alguns casos, também por contacto com o corpo humano. A reutilização de águas residuais não representa apenas um risco para a saúde pública e animal, uma vez que os seus constituintes podem também afetar o ambiente.

A avaliação dos riscos em matéria de saúde pública é uma disciplina de desenvolvimento relativamente recente, que surgiu nos EUA em meados dos anos A década de 1980 e é a primeira das três fases de um estudo de análise do risco, que inclui também a gestão do risco e a comunicação dos riscos às partes interessadas.

A avaliação do risco compreende a caraterização dos efeitos esperados na saúde (perigos); a estimativa da probabilidade de ocorrência desses efeitos, que está relacionada com o tipo e a intensidade da exposição. o fator de risco; o número de casos afectados por esses efeitos; e o pro- (quando possível) da concentração aceitável do constituinte que induz o risco de ocorrência do perigo.

A avaliação de riscos tem por objetivo fornecer informações aos gestores de riscos, nomeadamente aos legisladores e aos reguladores. a gestão de riscos e a sua gestão devem ser realizadas por equipas independentes. dentes como actividades distintas.

Embora a análise de risco seja um instrumento de apoio ao processo de tomada de decisão utilizado em vários domínios, a sua aplicação. A reutilização de água sofre de sérias limitações no que respeita à avaliação do risco para a saúde pública, dada a dificuldade de estabelecer relações dose-resposta quantitativas, uma vez que muitas das respostas a estímulos microbiológicos (contração de infeção), são consequência do tato pessoa-a-pessoa e não da exposição a agentes patogénicos transportados na água reutilizada. O desenvolvimento de normas e regulamentos incidentes sobre a reutilização de águas residuais tratadas não se pode basear totalmente na análise de risco, dadas as lacunas de conhecimento na avaliação no domínio da reutilização acima mencionadas. Apesar disso, é importante conhecer os perigos que podem ser causados por determinados constituintes microbiológicos e químicos, presentes em concentrações mais ou menos elevadas, consoante o tratamento das águas residuais. 00Microrganismos patogénicos de origem hídrica

## 2.5.1 Tipologia dos microrganismos presentes nas águas residuais

A eventual presença de microrganismos patogénicos constitui uma preocupação. o papel preponderante nos projectos de reutilização, devido ao risco de reutilização da água. ser um veículo de transmissão de doenças e, assim, configurar problemas de saúde pública e/ou animal. as águas, como qualquer outra substância, contêm grandes quantidades de microrganismos. mos - bactérias, algas, protozoários, fungos, vírus e até crustáceos -, uma grande maioria dos quais são omnipresentes e inofensivos para o homem. Embora alguns microrganismos sejam patogénicos e a sua presença na água faça dela um veículo privilegiado para a transmissão de numerosas doenças, alguns são muito perigosos e estão na origem de elevadas taxas de mortalidade. nos países subdesenvolvidos, principalmente na população infantil.

Os microrganismos patogénicos presentes nas águas naturais provêm de excreções (fezes e urina) de pessoas infectadas, libertadas na água águas residuais domésticas, de certas águas residuais industriais que transportam. têm resíduos semelhantes de origem animal, nomeadamente de matadouros, indústrias agrícolas e pecuárias, e águas residuais pluviais (em sistemas de drenagem simples).

Os agentes patogénicos presentes nas águas residuais e susceptíveis de se propagarem no ambiente dividem-se nos seguintes grupos: bactérias, protozoários, helmintas e vírus. As bactérias são microrganismos unicelulares, com 1-2 mm de tamanho, que podem ter diferentes formas: esferóides (cocos), em forma de bastonete (bacilos), virgulares (vibriões), agrupadas em cadeia (estreptococos), com a fisionomia de um cacho de uvas (estafilococos), helicoidais (espirilas) e filamentosas.

A maior parte das bactérias são consideradas aeróbias facultativas, pois são susceptíveis de se desenvolverem em aerobiose, ou seja, na presença de ar e de oxigénio livre (O2), ou em anaerobiose, na sua ausência. Certas espécies só se desenvolvem na presença de ar ou de oxigénio livre e são chamadas aeróbias estritas ou obrigatórias, enquanto outras só proliferam na ausência de oxigénio livre e morrem na sua presença; são os anaeróbios estritos.

Os protozoários são microrganismos unicelulares que ingerem o alimento num modo de nutrição semelhante ao dos animais - capturam, ingerem e digerem internamente massas sólidas ou partículas alimentares. São micróbios relativamente grandes, com diâmetros entre 2 e 100 µm. Alguns protozoários são móveis, pois podem desenvolver pseudópodes ou ter pestanas. Algumas espécies de protozoários são parasitas de hospedeiros, que podem ser desde simples algas até ao ser humano.

Os Helmintos são vermes parasitas que algumas espécies podem assumir grande importância do ponto de vista da saúde pública. A grande maioria não é microscópica, mas os seus ovos ou quistos podem ser microscópicos. Os helmintos dividem-se em dois grandes grupos: os vermes chatos ou vermes planos e os Achelminthes ou vermes redondos.

Algumas classes destes grupos são parasitas do homem. Por exemplo, dos vermes chatos parasitas, citam-se a Taenia solium e a Taenia saginata. Os nemátodos são os membros mais importantes do grupo dos vermes cilíndricos. São conhecidas mais de 10.000 espécies de nemátodos. As de maior interesse, devido às doenças que provocam, são a Trichinella, o Necator, o Ascaris e a Filaria.

Os vírus são partículas de ADN (ácido desoxirribonucleico) ou ARN (ácido ribonucleico) envolvidas por uma cápsula proteica e são parasitas que necessitam de células vivas de um hospedeiro adequado - animal, vegetal ou bactéria - uma vez que não conseguem sintetizar alimentos. Os vírus são os mais pequenos e mais simples de todos os microrganismos, com um diâmetro entre 0,01 e 0,3 µm. Na sua maior parte, são "ultramicroscópicos" (ou seja, mais pequenos do que as partículas que podem ser resolvidas por microscópio ótico, portanto com um diâmetro inferior a 0,2 µm).

Quando uma célula parasitada por um vírus morre, ela é lisada, sim, a célula se rompe e libera um grande número de novas para o organismo. vírus originados pela reprodução do vírus parasita. Por exemplo, note-se que 1 grama de fezes de uma pessoa infetada com o vírus da hepatite contém entre dez mil e cem mil doses infecciosas do vírus da hepatite. Certas bactérias assemelham-se aos vírus na medida em que não podem viver apenas no interior das células, mas estes últimos têm um processo de crescimento e reprodução completamente diferente. os vírus que afectam e parasitam as bactérias são chamados bacteriófagos ou simplesmente fagos.

Até há cerca de uma década acreditava-se que algumas doenças causadas por alguns agentes patogénicos tinham sido, se não erradicadas, pelo menos estavam sob controlo, como a tuberculose (infeção causada pelo bacilo de Koch) e a chamada doença dos legionários, causada pela bactéria Legionella pneumophila. Os surtos têm surgido nos últimos anos, tanto em países desenvolvidos, como os EUA e a Rússia, como em países subdesenvolvidos do continente. A mente africana, de doenças que se pensava estarem controladas, leva à conclusão de que surgiram novas estirpes resistentes aos medicamentos actuais.

### 2.5.2 Concentração de microrganismos presentes na água residual

A quantidade e a tipologia dos microrganismos presentes nas águas residuais urbanas são muito variáveis de um aglomerado populacional para outro, variando também, num mesmo aglomerado, ao longo dos meses, e mesmo dos dias. A quantidade e o tipo de microrganismos presentes nas águas residuais de uma determinada localidade dependem de factores relacionados com o estado de saúde da população (que está relacionado com as suas caraterísticas socioeconómicas) e de factores relacionados com a sobrevivência dos microrganismos nas águas residuais.

O número de microrganismos (patogénicos e não patogénicos) excretados por cada indivíduo é muito elevado, na ordem dos muitos milhões por grama de fezes. A sua concentração nas águas residuais não tratadas é reduzida pela diluição e pela decomposição natural dos microrganismos quando são encontrados fora do habitat natural do organismo hospedeiro, mas continua a ser medida em milhões de microrganismos por 100 ml de águas residuais não tratadas.

O tratamento efectuado nas ETAR's convencionais tem como objetivo primordial a remoção de poluentes químicos, quantificados em termos de SST, CBO, CQO, azoto e fósforo. Associada à remoção dos poluentes verifica-se também alguma redução do número de microrganismos de origem fecal, mas muito incipiente, na ordem de 1 a 2 unidades logarítmicas.

A descarga de efluentes secundários em meios aquáticos receptores é, portanto, uma das principais fontes de microrganismos. patogénicos nas águas superficiais doces e costeiras. Na sua maioria, por esta razão, o mesmo se pode dizer da descarga de efluentes primários. Além disso, a desinfeção dos efluentes das ETAR permite reduzir o número de microrganismos de origem fecal até níveis de segurança do ponto de vista do contacto humano com estas águas.

### 2.5.3  Riscos para a saúde pública decorrentes das caraterísticas dos aspectos microbiológicos das águas residuais reutilizadas

A utilização de águas residuais tratadas implica a possibilidade de materiais equiformes, pessoas e o ambiente circundante serem expostos ao contacto com esta água e com os microrganismos patogénicos que esta contém. As pessoas e animais que entrem em contacto com as águas residuais reutilizadas, ou com os equipamentos, materiais, ou ambiente envolvente. submerso por estas águas, podem entrar em contacto com agentes patogénicos, este contacto pode proporcionar a ingestão direta de agentes patogénicos, a sua inalação, a sua penetração no organismo por outros meios, como o contacto com lesões corporais.O risco para a saúde inerente à reutilização de águas residuais tratadas pode ser praticamente nulo, mas também pode atingir níveis graves, dependendo dos seguintes factores:

a) Concentração de microrganismos patogénicos na água reutilizada, a qual depende do nível de tratamento das águas residuais e da fiabilidade desse tratamento, sendo possível ter água para reutilização desde um efluente primário, ou, mais frequentemente, desde um efluente secundário típico, que apresentam teores de coliformes fecais da ordem dos 10 6 UFC/100 mL, até efluentes sujeitos a desinfeção, nos quais o teor destes indicadores apresenta níveis equivalentes aos da água potável.

b) Caraterísticas epidemiológicas dos diferentes agentes patogénicos presentes nas águas residuais.
c) A exposição da população ao contacto com a água reutilizada, que varia consoante a finalidade da reutilização, podendo ir desde uma exposição máxima - com a ingestão de vegetais crus regados com esta água - até uma exposição praticamente nula, como no caso de certas reutilizações industriais.

Os microrganismos presentes nas águas residuais têm caraterísticas epidemiológicas variáveis
- persistência, latência e dose infecciosa -, o que dá origem a diferentes riscos

potenciais, embora estes dependam também da suscetibilidade da população exposta, determinada pelo seu estado de saúde e nível de imunidade.

A latência é definida como o intervalo de tempo entre a excreção de um agente patogénico e a infeção de um novo hospedeiro vertebrado. Alguns microrganismos - incluindo todas as bactérias, protozoários e vírus de origem fecal - não têm período de latência, tornando-se imediatamente infecciosos assim que são excretados. Outros, como os helmintos, têm um período de latência mais ou menos longo, dependendo do seu ciclo de vida incluir um ou mais hospedeiros intermédios, que podem ser necessários para que a fase excretada se transforme numa fase infecciosa.

A persistência é a caraterística que traduz a viabilidade dos microrganismos fora do seu habitat, ou seja, avalia a rapidez da sua eliminação após a excreção pelo corpo humano ou, dito de outra forma, avalia a sua sobre-experiência fora do corpo humano. A persistência dos microrganismos patogénicos varia com o tipo de órgão e depende das condições ambientais, nomeadamente do clima, da saturação e da humidade: em geral, os microrganismos persistem mais tempo a temperaturas mais baixas e em ambientes mais húmidos.

Alguns agentes patogénicos podem multiplicar-se fora do trato intestinal. É o caso das bactérias do género Salmonella, que se multiplicam na produção de alimentos, e dos helmintos da classe dos tremátodes, que se multiplicam no corpo dos caracóis aquáticos.

A dose infetante de um determinado agente patogénico representa a quantidade desse microrganismo que um indivíduo em bom estado de saúde teria de ingerir para ficar doente. A dose infetante é extremamente variável consoante o tipo de microrganismo, sendo relativamente elevada para muitas bactérias e protozoários. rios patogénicos e bastante baixa para outros. O conceito de dose infecciosa difícil de quantificar, uma vez que os voluntários para estudos de quantificação são, em geral, adultos, bem alimentados e de zonas não endémicas. As doses infecciosas assim determinadas devem ser cautelosamente extrapoladas para o caso de crianças desnutridas, de zonas endémicas. Note-se, a propósito, que nestas regiões muitos indivíduos são portadores saudáveis, que não manifestam sinais clínicos de doença. mas que excretam grandes quantidades de agentes patogénicos no ambiente.

A exposição dos seres humanos ao risco induzido pela reutilização de águas residuais tratadas pode ser muito variável. Na Figura 2-5, apresenta-se um esquema ilustrativo do percurso do risco associado à presença de microrganismos patogénicos na água a reutilizar. A forma de exposição aos agentes patogénicos varia em função da finalidade e da forma de reutilização, que pode ser uma má exposição. Se houver ingestão de culturas regadas com água reutilizada, toque direto do corpo com superfícies molhadas com esta água ou aerossóis inatos com esta origem. Mesmo nestas situações de exposição máxima, a intensidade pode ser bastante reduzida, se o nível de tratamento. das águas residuais para reduzir a presença de microrganismos. dores for muito baixo.

## 2.6 Poluentes químicos

### 2.6.1 Composição química das águas residuais

As caraterísticas das águas residuais urbanas são extremamente variadas, dependendo do tipo de rede de drenagem - unitária e/ou separativa - das caraterísticas socioeconómicas da população e do seu estado de saúde, variando de aglomerado populacional para aglomerado populacional, devido à própria natureza da água de abastecimento público cujos usos são originados e às diferentes contribuições recebidas dos estabelecimentos de actividades industriais e comerciais, variando a sua composição mesmo no mesmo aglomerado, não só em termos de concentração como também em termos de instâncias subsolvidas. É praticamente possível encontrar qualquer substância nas águas residuárias, considerando que cerca de 10 mil novos compostos são introduzidos anualmente no mercado. chegam às águas residuárias (Metcalf & Eddy, 1991). A análise química exaustiva da composição das águas residuais torna-se assim impossível, tendo que se recorrer aos chamados parâmetros agregados. pecuários, como o CBO, CQO, COT, SST ou SDT, que quantificam a concentração do conjunto de compostos com determinadas caraterísticas. éticas comuns, como os compostos orgânicos biodegradáveis, no caso do CBO, os compostos dissolvidos, no caso do SDT. Em situações menos típicas, alguns parâmetros apresentam valores de concentração muito superiores, como é o caso das zonas costeiras locais, onde é frequente a infiltração de água salobra ou salgada nos colectores, originando valores de salinidade da água residual muito superiores aos valores típicos.

## 2.6.2 Composição química das águas residuais tratadas

A concentração de poluentes químicos nas águas residuais tratadas é, naturalmente, muito inferior aos valores da composição química típica das águas residuais brutas indicados no Quadro 2-7, dependendo do nível e da eficácia do tratamento nas ETAR. De acordo com a legislação em vigor (Decreto-Lei n.º 152/97, de 19 de junho), as águas residuais urbanas são convencionalmente submetidas a tratamento secundário, excecionalmente apenas a tratamento primário e, nos restantes casos, a tratamento terciário. O tratamento secundário produz efluentes com uma qualidade adequada à sua reutilização em algumas aplicações, desde que compatíveis com o elevado teor de microrganismos de origem fecal ainda presentes nos efluentes secundários e com a presença de alguns constituintes químicos. No entanto, determinados objectivos de reutilização da água exigem que as águas residuais tratadas tenham concentrações de microrganismos e de compostos químicos considerados nocivos para a saúde humana e animal inferiores às concentrações típicas dos efluentes secundários.

A evolução tecnológica registada no domínio do tratamento das águas, nomeadamente no que diz respeito aos chamados processos de memória. branas e os processos de oxidação catalítica permitem o tratamento das águas residuais a fim de reduzir o teor de microrganismos e de poluentes. testes químicos com eficiências muito elevadas, se necessário até ao nível suscetível de satisfazer todas as exigências de qualidade da água para consumo humano. A possibilidade de transformar as águas residuais em água mais pura do que muitas águas naturais captadas para diversas utilizações constitui um fator de segurança elevado no contexto da reutilização da água.

A produção de águas residuais tratadas com qualidade adequada para reutilização. uso pretendido é tecnicamente possível, uma vez que existem soluções tecnológicas para o efeito. No entanto, para além da disponibilidade desta tecnologia, será necessário assegurar a elevada probabilidade de operação e os processos de tratamento selecionados, para que a qualidade da água em função da sua eficiência de depuração teórica, m desempenho efetivo permanente, ou, por outras palavras, será necessário assegurar a fiabilidade do tratamento de AR.

## 2.6.3 Riscos decorrentes da composição química das águas residuais

A enorme variedade de compostos orgânicos sintéticos constitui uma fonte de preocupação ambiental, uma vez que muitos destes compostos não são biodegradáveis e alguns têm propriedades cancerígenas conhecidas. Nicos, mutagénicos, teratogénicos e inibidores da fertilidade. Alguns grupos de compostos orgânicos perigosos merecem uma menção especial, nomeadamente: halogenetos orgânicos (AOX), pesticidas, hidrocarbonetos aromáticos polinucleares (PAH) e poluentes orgânicos persistentes (POP). A falta de conhecimento sobre a identidade de muitos compostos quantificativamente agregados, bem como sobre os seus efeitos num processo de reutilização de águas, levanta alguns receios e questões de precaução, que só poderão ser esclarecidos com base no conhecimento da capacidade dos processos de tratamento de águas residuais para reduzir ou eliminar compostos químicos e grupos de compostos. Estes receios são perfeitamente compreensíveis nos casos em que os constituintes da água reutilizada podem entrar na cadeia alimentar humana - nomeadamente pelo consumidor da água (captada, por exemplo, num aquífero recarregado com água de águas residuais tratadas ou num rio que recebe águas residuais tratadas até à quantidade de captação) -, mas também se colocam noutras situações, em que o que é objeto de possíveis impactos da reutilização de águas residuais tratadas são as componentes bióticas e abióticas do ecossistema. Os grupos de poluentes químicos mais relevantes no contexto da reutilização da água são os seguintes:

- Sais
- Metais pesados
- Substâncias activas de superfície
- Sólidos em suspensão
- Halogenetos orgânicos (AOX)
- Pesticidas
- Desreguladores endócrinos

- Produtos farmacêuticos
- Poluentes Orgânicos Persistentes (POP)

O desenvolvimento de métodos de análise tem permitido, nos últimos anos, a identificação de alguns compostos químicos designados por óleos emergentes, cuja regulamentação é ainda um assunto em estudo. ração. Entre os poluentes emergentes encontram-se os chamados desreguladores endócrinos, que são compostos de origem antropogénica, e alguns também de origem natural, que alteram o sistema natural de pró-hormonas nos animais, o que induz desequilíbrios nos seres humanos. bros e nos animais. São conhecidos casos de feminização de peixes, machos. Os desreguladores endócrinos conhecidos abrangem algumas centenas de compostos, tais como hormonas naturais - humanas e animais -, hormonas sintéticas, nomeadamente pílulas anticoncepcionais, produtos cosméticos, pesticidas, produtos para o lar, produtos químicos. industriais, produtos farmacêuticos e alguns metais.

No contexto dos poluentes emergentes, merecem também uma menção especial. alguns compostos provenientes principalmente da desinfeção com cloro. gem, como a N-nitroso dimetilamina (NDMA), conhecida pelo seu elevado poder cancerígeno, e os percloratos, utilizados no fabrico de explosivos e em pirotecnia, que têm poder desfolhante e que se acumulam nas plantas regadas com água contaminada por estes compostos e nos ductos promíscuos produzidos pelos animais alimentados com estas plantas.

A aplicação dos regulamentos de descarga de águas residuais industriais nos sistemas de drenagem de águas residuais urbanas é um instrumento importante na minimização dos riscos para a saúde pública e para o ambiente associados à composição química das águas residuais reutilizadas, pois permite conhecer muitos poluentes químicos presentes nas águas residuais não tratadas, bem como controlar a quantidade lançada nos colectores.

De um modo geral, a concentração de poluentes químicos perigosos nas águas residuais tratadas é muito pequena, muitas vezes da mesma ordem de grandeza dos valores de concentração encontrados na água subterrânea, particularmente no que diz respeito a metais pesados, pesticidas e produtos farmacêuticos.

A via de exposição aos poluentes químicos é determinante para o nível de risco. A reutilização de água direta para consumo humano representará o limite máximo de risco, o que exige a utilização de tratamentos potentes para a destruição de poluentes perigosos. A reutilização de águas residuais duais para recarga de aquíferos exige também uma atenção cuidada ao tipo e concentração de poluentes químicos, uma vez que os aquíferos podem constituir fontes de água para consumo humano. No entanto, a exposição de poluentes químicos é bastante limitada em muitas outras utilizações. das águas residuais tratadas. Por exemplo, os efluentes secundários e os aglomerados terciários com uma boa gestão das águas residuais industriais, através da aplicação de regulamentação adequada, podem ser úteis para a rega, sem quaisquer restrições sanitárias induzidas pela composição química das águas residuais (Chang et al., 1995).

As águas residuais tratadas contêm concentrações residuais de compostos químicos, bem como numerosos microrganismos, alguns patogénicos, em concentrações variáveis, dependendo do nível de tratamento. Na maioria das aplicações de reutilização, os riscos para a saúde e para o ambiente decorrentes da presença destes constituintes são considerados praticamente inexistentes, uma vez que são devidamente controlados. O exemplo mais caraterístico é a fertilização proporcionada pela reutilização de águas residuais para rega devido ao seu teor em azoto e fósforo.

Por outro lado, os microrganismos patogénicos podem causar doenças nos seres humanos e nos animais, algumas delas muito graves. Também certas substâncias, geralmente insuficientemente removidas no processo de tratamento, são perigosas para a saúde humana quando ingeridas e, em alguns casos, também por contacto com o corpo humano. A reutilização de águas residuais não representa apenas um risco para a saúde pública e para os animais, uma vez que os seus constituintes podem também afetar o ambiente. A avaliação dos riscos para a saúde pública e dos impactes ambientais em projectos de reutilização de águas residuais é muito difícil. dificuldade em obter dados fiáveis que quantifiquem a relação dose-resposta. O conhecimento aprofundado das caraterísticas qualitativas é essencial. das águas residuais tratadas e dos perigos associados a algumas dessas caraterísticas.

A possível presença de microrganismos patogénicos é uma preocupação. o papel dominante nos projectos de reutilização, devido ao risco da reutilização da água. costumava ser um veículo de transmissão de doenças, sendo algumas muito perigosas. Na reutilização de águas residuais tratadas, é por isso necessário conhecer as caraterísticas epidemiológicas dos microrganismos patogénicos - latência, persistência e dose infecciosa - bem como as vias de exposição, quer a agentes patogénicos quer a determinados compostos químicos. Alguns microrganismos patogénicos são hoje rotulados como emergentes, quer por serem desconhecidos até há poucos anos, quer por se reconhecer que as doenças por eles causadas devem ser consideradas controladas, como é o caso da tuberculose. Também alguns compostos químicos são classificados como emergentes e merecedores de atenção em projectos de reutilização de águas residuais, nomeadamente certos compostos formados na desinfeção com compostos clorados, como o NDMA.

A evolução no domínio do tratamento de águas permite atualmente a eliminação praticamente completa de qualquer tipo de poluente químico e de microrganismos patogénicos presentes nas águas residuais, possibilitando a produção de água que satisfaça os critérios de qualidade da água para consumo humano a partir de águas residuais. Na grande maioria das aplicações de reutilização de água, não há produção de água potável e é necessário um tratamento complementar. para permitir a reutilização de águas residuais tratadas consiste na sua desinfeção e no tratamento preparatório para a desinfeção (essencial- (redução da turvação). Apesar de certos processos de tratamento avançado, como a microfiltração, se terem tornado economicamente rentáveis. acessível é um princípio de boa prática de engenharia. r que a reutilização do efluente de uma ETAR seja compatível com a qualidade desse efluente após ter sido submetido a um tratamento complementar de afinação tão simples e económico quanto possível.

# CAPÍTULO 3
## ASPECTOS TÉCNICOS DOS SISTEMAS DE REUTILIZAÇÃO DA ÁGUA

### 3.1 Sistemas de reutilização de águas residuais tratadas

Um SRART pode ser definido como o conjunto de infra-estruturas que tratam as águas residuais a um nível adequado às utilizações subsequentes e as conduzem aos respectivos utilizadores. Uma SRART é sempre constituída por uma ou várias estações de tratamento de águas residuais e rede(s) de distribuição do efluente tratado ao(s) utilizador(es). Dependendo do tipo de água utilizada e das condições físicas. locais, um sistema de reutilização de águas residuais tratadas pode incluir (ou não):

–Reservatório de regularização de efluentes a serem submetidos a complementação para serem reutilizados;
–Instalações de tratamento complementares à(s) ETAR(s) existente(s);
–Reservatórios de armazenamento;
–Rede de condutas de distribuição 32 e aplicação de águas residuais tratadas;
–Estações de elevação;
–Medidores de caudal cheios.

Cada sistema de reutilização de águas residuais tratadas é um caso diferente, principalmente em função das caraterísticas quantitativas e qualitativas das águas residuais tratadas, das caraterísticas físicas do local, dos tipos de utilização a satisfazer e da regulamentação em vigor em matéria de reutilização. Por conseguinte, os sistemas de reutilização das águas residuais tratadas podem variar muito, tanto em termos de dimensão como de exaustividade. A tecnologia adequada pode ser um sistema de lagoas naturais, como num reator de membrana biológica, dependendo das caraterísticas do sistema.

### 3.2 Tecnologias de tratamento de águas residuais para reutilização de efluentes

Num projeto que visa a reutilização da água, o nível de tratamento que deve ser aplicado às águas residuais é determinado pela utilização prevista para o efluente tratado. Para muitos, esse nível de tratamento não coincide com o nível necessário para proceder à descarga das águas residuais tratadas no meio recetor.

Nestas circunstâncias, é necessário proceder ao tratamento complementar dos efluentes. da ETAR existente, geralmente construída com objectivos ambientais de proteção do meio recetor. Em alguns sistemas de reutilização, as águas residuais tratadas coexistem com diversas aplicações para a reutilização da água, que podem exigir diferentes níveis de tratamento completo, tornando o sistema de tratamento mais complexo.

Em muitos casos, a procura de água reutilizada é inferior ao caudal de águas residuais recolhidas, pelo que apenas uma parte deste caudal é tratada para reutilização, sendo a restante sujeita a um novo tratamento.

Sempre que se considere a opção de reutilização, as instalações de tratamento deverão ser projectadas (ou reabilitadas, no caso das existentes) de forma a que o efluente final tenha caraterísticas de escoamento com o uso pretendido, sem deixar de cumprir os limites máximos impostos pela legislação em vigor para a sua descarga no meio natural, pois mesmo nos casos em que se considere a reutilização da totalidade do caudal, será necessário prever situações anómalas em que não seja possível ou necessário reutilizar, o que, nestas circunstâncias, obrigará a proceder à descarga das águas residuais tratadas no meio recetor.

O tratamento necessário para produzir águas residuais tratadas compatíveis com a utilização subsequente pode, em geral, ser seguido por diferentes operações e processos unitários. A seleção das operações e processos unitários a adotar nas instalações de tratamento de uma SRART depende de vários factores, que são condicionados pelo facto de o tratamento para reutilização se inserir numa ETAR existente, com eventuais constrangimentos de espaço ou, pelo contrário, constituir um projeto concebido de raiz.

O tratamento de águas residuais para reutilização configura-se, assim, como um desafio mais exigente do que a mera depuração de águas residuais para cumprimento de objectivos ambientais, na medida em que o nível de tratamento pode não ser único e é geralmente superior; o nível de fiabilidade exigido é geralmente superior, dada a necessidade de fornecer aos utilizadores uma água com qualidade constantemente igual à reutilizada (ou de qualidade superior, mas nunca inferior), o que confere uma margem estreita para falhas de tratamento.

Num sistema de reutilização de águas residuais tratadas, o nível de tratamento não é necessariamente relevante; o que é fundamental é que a qualidade da água seja adequada à utilização, que pode ser definida na regulamentação existente. No capítulo 4 não há apenas uma revisão das normas de qualidade para diversas aplicações de reutilização de águas residuais tratadas em vigor em vários estados, como as drones recomendadas para usos de interesse previsível num país em desenvolvimento. Na concetualização das operações e dos processos unitários de trabalho de tratamento de águas residuais a reutilizar, é necessário considerar não só as caraterísticas de qualidade pretendidas para o efluente, mas também as múltiplas barreiras que poderão ser estabelecidas para impedir, o mais possível, a passagem de microrganismos patogénicos e de compostos químicos nocivos ao SRART. A consideração do sistema multi-barreiras, já adotado no contexto dos sistemas de abastecimento de água para consumo humano [WEF, 1998, citado em Asano et al., 2007], oferece a enorme vantagem de proporcionar um sistema mais robusto de proteção das pessoas e do ambiente, mesmo no caso de falha de uma das barreiras, uma vez que a probabilidade de falha simultânea de todas as barreiras é muito reduzida. No contexto dos sistemas Temas de reutilização de águas residuais tratadas, as barreiras múltiplas podem assumir formas como:

a) Gestão das redes de recolha de águas residuais urbanas, a fim de controlar os problemas na fonte, evitando a libertação nas redes de substâncias que possam constituir um impedimento à reutilização (regulamentação adequada da descarga de águas residuais industriais);

b) Combinação de operações e processos de tratamento em função da sua eficiência de remoção dos constituintes das águas residuais;

c) Qualquer tampão ambiental (por exemplo, lagoa de armazenamento de efluentes, diluição com água ou tratamento no solo) para homogeneizar a qualidade da água.

## 4.3 Sistemas de tratamento de águas residuais para reutilização

A descarga de efluentes industriais na rede de drenagem aumenta significativamente a quantidade e a variabilidade destes constituintes. Como exemplo de situações em que as caraterísticas dos efluentes secundários têm de ser afinadas antes da sua reutilização, veja-se o seguinte:

a) A remoção de microrganismos patogénicos é uma exigência muito frequente no SRART, como fator de salvaguarda da saúde pública, o que obriga à desinfeção do efluente da ETAR. Ora, este processo não é compatível com os teores de sólidos em suspensão (SST) típicos dos efluentes secundários, que têm de ser reduzidos, para que o processo de desinfeção atinja a eficiência adequada.

b) A redução do teor de sólidos dissolvidos presentes nos efluentes tratados pode ser importante em algumas aplicações, nomeadamente se a água for utilizada em caldeiras de aquecimento e circuitos de refrigeração, onde podem provocar a formação de incrustações ou fenómenos de corrosão.

c) Algumas aplicações de reutilização de água, como o reforço de águas superficiais ou subterrâneas utilizadas c o m o fonte de água para potabilização, exigem a remoção de certos poluentes presentes em quantidades vestigiais.

Tendo em conta que o tratamento secundário é geralmente considerado como o mínimo aplicável às águas residuais antes de serem reutilizadas. utilizado, a linha de tratamento numa ETAR concebida para permitir a reutilização.

A utilização dos seus efluentes envolve a combinação de operações e processos para os seguintes fins

a) Remoção de sólidos orgânicos e inorgânicos em suspensão e dissolvidos (SSF, SSV, SDF e SDV), ao nível do tratamento secundário;

b) Remoção de nutrientes, que é o chamado tratamento terciário;
c) Remoção dos teores residuais de SST presentes no efluente secundário;
d) Remoção do conteúdo residual de SDT;
e) Eliminação de teores residuais de poluentes vestigiais;
f) Remoção ou inativação de microrganismos patogénicos (desinfeção).
Verifica-se que entre as operações e os processos unitários mais utilizados, o tratamento de águas residuais para reutilização está incluído tanto em processos clássicos - como as lamas activadas e alguns de baixo custo (ex.: lagoas de maturação) - como em novas tecnologias desenvolvidas nos últimos anos para o refinamento do tratamento de efluentes. secundários ou terciários, incluindo alguns processos biológicos. cos - como os leitos biológicos compactos e os chamados processos de membranas. A desinfeção é um processo incluído na maioria das linhas de tratamento de águas residuais para reutilização.

Alguns processos de tratamento extensivo aplicados no passado, como o SAT e as lagoas de estabilização, nomeadamente as lagoas de maturação, continuam a constituir tecnologias adequadas em alguns sistemas de reutilização de águas residuais tratadas. No entanto, para os casos em que a utilização subsequente da água exige uma elevada remoção de sólidos suspensos, de compostos vestigiais ou de microrganismos, são adoptadas tecnologias cujos desenvolvimentos recentes oferecem desempenhos a custos progressivamente mais baixos, como é o caso, por exemplo, das tecnologias de membranas, cuja posição facilita também a remoção de microrganismos patogénicos, a par da remoção de compostos vestigiais. O processo de lamas activadas tem também registado desenvolvimentos que permitem o aumento da sua eficiência, nomeadamente na remoção de compostos vestigiais de compostos orgânicos perigosos, como é o caso de alguns desreguladores endócrinos.

## 3.3 Seleção da linha de tratamento de águas residuais para reutilização

### 3.3.1 Factores a considerar

O tipo de utilização das águas residuais tratadas é, sem dúvida, o fator primordial que condiciona a linha de tratamento, uma vez que condiciona as caraterísticas de qualidade das águas residuais tratadas para as tornar adequadas à utilização pretendida. As múltiplas barreiras que se podem estabelecer no caso concreto e a fiabilidade das tecnologias de tratamento (ver 7.5.2) devem ser consideradas em conjunto com outros factores, indicados no Quadro 7-4, que podem ainda ser condicionantes. devido ao facto de se tratar de beneficiar uma ETAR já existente - o que pode significar restrições de espaço - ou a construção de raiz de uma ETAR para produção de água reutilizável.

### 3.3.2 Fiabilidade da instalação de tratamento

A confiança dos utilizadores e do público em geral na qualidade da água a reutilizar é um fator importante para o sucesso de um sistema. de reutilização de águas residuais tratadas, razão pela qual a fiabilidade do tratamento para reutilização assume talvez uma importância superior. pior do que o caso genérico do tratamento de águas residuais para a proteção do ambiente.

A fiabilidade de uma unidade de tratamento ou ETAR é definida na sua globalidade como a probabilidade de essa unidade ou estação apresentar um desempenho adequado durante um determinado período de tempo (Asano et al., 2007), ou seja, um desempenho adequado à cidade para tratar a água até aos limites de concentração desejados.

Quanto mais fiável for o tratamento das águas residuais, menor será o risco de efeitos nocivos decorrentes da exposição a essas águas. A fiabilidade do tratamento é particularmente importante em situações anómalas, como um aumento do caudal de águas residuais ou da concentração de alguns poluentes, por exemplo.

Tabela 7-4 - Factores a considerar na seleção da linha de tratamento de águas residuais para reutilização (adaptado de [Asano et al., 2007])

| Factores | Comentários |
| --- | --- |
| Tipo de utilização das águas residuais tratadas | a qualidade a obter para as águas residuais tratadas reutilizáveis; a frequência do abastecimento de água aos utilizadores |
| | contínua, intermitente ou sazonal; o tipo de barreiras múltiplas a prever |
| Elementos de qualidade destinados à água resíduos | Restringir as operações e processos unitários de tratamento a considerar àqueles que apresentem eficiências de remoção de poluentes ao nível das caraterísticas pretendidas. |
| Caraterísticas de qualidade das águas residuais afluentes (normalmente efluentes secundários) | Determinar o tipo de operações e unidades de tratamento de processos a considerar, particularmente quando as águas residuais a tratar contêm compostos vestigiais que limitam a reutilização da água; Pode condicionar a eficácia dos processos de tratamento. |
| Compatibilidade com as condições existentes | Influencia a escolha de soluções compatíveis com: processos e infra-estruturas existentes; as condições hidráulicas; caraterísticas locais (por exemplo, a disponibilidade de área e a topografia local). |
| Flexibilidade do processo | Deve ser considerada devido à possibilidade de: alterações nas caraterísticas das águas residuais afluentes; alterações regulamentares. |
| Requisitos de O&M | O equipamento a substituir (no caso de uma ETAR já existente) deve ser avaliado quanto à vida útil dos principais componentes (lâmpadas UV, membranas, etc.); necessidades de formação do pessoal; aquisição de um sistema de supervisão e controlo. |

| Requisitos de energia | Deve ser avaliado:<br>o consumo de energia dos equipamentos;<br>previsão da evolução futura da energia<br>os custos; o impacto do aumento das necessidades energéticas na instalação existente. |
|---|---|
| Produtos químicos | Deve ser avaliado:<br>o efeito dos reagentes na qualidade da água reutilizável (produtos de desinfeção);<br>o efeito dos reagentes sobre os materiais da instalação (por exemplo, o efeito do ozono sobre o material das membranas);<br>os requisitos de O&M. |
| necessidades de pessoal | Para determinar:<br>- o número de pessoas necessárias para operar e manter o sistema, turnos, qualificações funcionais necessárias; - o nível de automação necessária. |
| Impactos ambientais | Deve ser considerada: a possível produção de ruído, odores e tráfego;<br>a distância até às zonas habitadas;<br>A remoção e o destino final dos resíduos do processo. |

A redução do risco devido à fiabilidade do tratamento pode ser potenciada com o estabelecimento de barreiras múltiplas. A fiabilidade do tratamento começa com o dimensionamento das instalações, que se baseia em critérios conservadores, embora geralmente orientados para as condições de afluência média das águas residuais, o que não garante um tratamento fiável em condições de ocorrência de eventos de período de retorno muito elevado, que ocorrem, por exemplo, uma vez por ano, ou uma vez de três em três anos. As caraterísticas quantitativas e qualitativas das águas residuais têm factores óbvios que influenciam a fiabilidade do tratamento:

– o volume de águas residuais disponível para tratamento com vista à reutilização satisfaz as necessidades da procura de efluentes tratados, nomeadamente nos períodos de pico de procura;

– a gama de variação da concentração dos constituintes previsível nas águas residuais tratadas é compatível com a reutilização;

– a variabilidade das caraterísticas qualitativas das águas residuais, resultante da diluição por infiltração e/ou das descargas de águas residuais industriais, não compromete a reutilização.

Outros factores que contribuem decisivamente para a fiabilidade - e que podem ser previstos na conceção da estação de tratamento ou do posto. anteriormente realizados como uma melhoria da mesma incluem

–O regime de funcionamento da aplicação de reutilização: contínuo, intermitente ou sazonal;
–A existência de unidades de tratamento de reserva, que asseguram a continuidade da produção de água tratada durante a ocorrência de uma avaria e a sua reparação;
–Disponibilidade de equipamento eletromecânico de reserva;
–A existência de uma fonte de energia eléctrica alternativa para os cortes de energia em caso de emergência;
–O tipo e a quantidade de instrumentação e automação instalados;
–A disponibilidade de pessoal qualificado para o funcionamento e manutenção da instalação de tratamento.

Quadro 7-5 - Factores de fiabilidade para os resíduos da cadeia de tratamento de águas (adaptado de Asano et al, 2007)

| Instalação única | requisitos de fiabilidade |
| --- | --- |
| Grelha mecânica | Uma unidade de reserva em paralelo |
| bombas | Uma bomba de reserva para cada conjunto de bombas que desempenham a mesma função. |
| Decantadores primários | Capacidade para acomodar 50% do fluxo total de dimensionamento com uma unidade fora de serviço. |
| tanques de arejamento | Pelo menos dois tanques de arejamento de igual volume. |
| arejadores mecânicos | Pelo menos dois arejadores. A taxa de transferência de oxigénio deve ser assegurada com um arejador fora de serviço. |
| Decantadores secundários | Em número suficiente para garantir 75% da capacidade de dimensionamento com o decantador de maior volume fora de ordem. |
| câmaras de floculação | Pelo menos duas unidades. |
| Filtros | O suficiente para garantir 75% de escalabilidade com um filtro fora de serviço. |

| Desinfeção | Unidades suficientes para garantir 60% da capacidade de dimensionamento com uma unidade fora de serviço. |
|---|---|

Em termos operacionais, a monitorização do desempenho do tratamento das águas residuais representa um importante contributo para garantir a fiabilidade do processo. Assim, a elaboração e observação de um programa de O&M, bem como um adequado programa de monitorização, contribuem de forma relevante para a fiabilidade do sistema de reutilização.

### 4.3.3 Consumo de energia das operações e processos de tratamento

A eficiência energética do sistema de reutilização é um aspeto de interesse atualmente relevante, tanto mais que alguns processos de tratamento aplicados em casos de reutilização, como a desinfeção por UV e as tecnologias de membranas, contribuem significativamente para o aumento do consumo de energia, conforme documentado na Tabela 7-6. Sanote, no entanto, que a gestão da eficiência energética de um sistema de reutilização não se resume ao nível da operação do processo de tratamento, mas diz também respeito à conceção hidráulica do sistema de armazenamento e distribuição de água, onde podem ocorrer perdas significativas de energia. No caso da modernização de um sistema de tratamento existente, a inclusão de novas unidades para permitir a reutilização, é importante analisar a capacidade das instalações eléctricas disponíveis para acomodar as necessidades energéticas das instalações adicionais.

| Tecnologia | kWh/1000 m3 | MJ/1000 m3 |
|---|---|---|
| Aeração por difusores de bolha fina (em vez de difusores de bolha grossa) | -33 a -40 | -120 a -140 |
| Aeração por difusores de bolhas ultra-finas | -48 a -58 | -170 a -210 |
| Desinfeção UV | +13 a +52 | +48 a +190 |
| Membranas | | |
| Microfiltração osmose inversa | +52 a +105 +264 a +528 | +190 a +380 +950 a +1900 |

(+) corresponde a um aumento do consumo de energia. (-) representa uma poupança de energia.

## 3.4 Operações e processos de tratamento para a reutilização da água

As operações e processos de tratamento de águas residuais da Unidade são objeto de uma extensa literatura especializada (Metcalf&Eddy, 2003; Dégremont, 1994), sendo desnecessário neste Guia descrever as operações e processos utilizados no tratamento primário e secundário de águas residuais. No entanto, dada a importância primordial que a remoção de microrganismos patogénicos representa em muitos SRART, apresenta-se uma descrição mais detalhada dedicada ao processo de desinfeção, bem como aos processos de membranas - microfiltração, ultrafiltração, nanofiltração e osmose inversa - que se apresentam como de ampla aplicabilidade no futuro.

### 3.4.1 Processos de eliminação de microrganismos patogénicos

A desinfeção é o processo que visa reduzir o número de microrganismos patogénicos presentes nas águas residuais tratadas para um nível comparável ao possível com a utilização dessas águas em condições seguras para a saúde pública. A desinfeção é importante em muitos casos de reutilização de água para garantir a proteção da saúde porque, em geral, o tratamento de águas residuais para fins ambientais não inclui a inativação de microrganismos patogénicos, com a consequente descarga de grandes quantidades de agentes patogénicos nas massas de água receptoras, o que mostra a concentração típica de coliformes fecais nos efluentes, dependendo do tipo de tratamento.Historicamente, o processo de desinfeção de água praticado em maior escala é a cloração, por aplicação de cloro molecular (Cl2) na forma de gás liquefeito ou na forma de compostos clorados, dos quais o rito hipoclorito de sódio (NaOCl) é o mais comum, seguido do dióxido de cloro (ClO2) e das cloraminas. A descoberta, nos anos 70, de que a cloração origina a formação de compostos carcinogénicos, pela combinação do cloro com compostos orgânicos presentes na água, mesmo em concentrações muito reduzidas, tem vindo a retirar a cloração da desinfeção de águas residuais tratadas a favor de outros processos, principalmente a radiação ultravioleta (UV). A escolha do processo de desinfeção a adotar num sistema de reutilização. tratamento de águas residuais tratadas é um processo importante, que deve ter em conta os seguintes factores [UE, 2006]:

a) A eficiência do processo na inativação de microrganismos patogénicos. cos e a sua fiabilidade;

b) O risco do agente desinfetante para os seres humanos e os animais;

c) Disponibilidade no mercado e custo;

d) Facilidade de transporte e de armazenamento;

e) Operacionalidade (facilidade e segurança de funcionamento);

f) Impactos ambientais.

A eficiência do processo de desinfeção está relacionada com o tipo de agentes patogénicos a remover (bactérias, vírus, protozoários ou ovos de helmintas), uma vez que os processos de desinfeção não inactivam qualquer tipo de agente patogénico com a mesma eficiência, que é avaliada através da remoção de microrganismos indicadores de contaminação fecal. A Escherichia coli é uma bactéria coliforme fecal muito utilizada como indicador de contaminação. Quanto à presença de agentes patogénicos não bacterianos na água, tais como protozoários, vírus e ovos de helmintos. Além disso, alguns agentes patogénicos são mais resistentes aos processos de desinfeção do que os indicadores, pelo que é possível que a análise de águas residuais desinfectadas não acuse a presença de microrganismos indicadores de contaminação fecal e, no entanto, alguns agentes patogénicos ainda estejam presentes. Por exemplo, as espécies de Cryptosporidium são 20 vezes mais resistentes à desinfeção por cloração do que os coliformes fecais. Se a água tiver sido desinfectada por cloração, a ausência de coliformes fecais não garante a ausência de Cryptosporidium. No entanto, os coliformes fecais já fornecem informações válidas relativamente à remoção do Cryptosporidium se a remoção de agentes patogénicos for efectuada por filtração num leito de areia, uma vez que ambos os tipos de microrganismos são filtrados com eficiências semelhantes.

Para o mesmo par "patogénico"/"processo de desinfeção", a eficiência da remoção depende dos seguintes factores

a) Caraterísticas físicas e químicas das águas residuais;

b) Tempo de contacto da água com o agente desinfetante;

c) Dose/concentração do agente desinfetante;

d) Temperatura ambiente;

e) Caraterísticas hidráulicas do fluxo de águas residuais no reator de desinfeção.

A influência dos factores "tempo de contacto" e "dose/concentração" é evidente. desinfetante" na eficácia do processo, bem como a "temperatura", um fator que afecta o desenvolvimento microbiano e a sua sobrevivência fora do seu habitat intestinal, que aumenta com a diminuição da temperatura ambiente.

As caraterísticas físico-químicas das águas residuais a desinfetar, que dependem do tratamento a que foram submetidas, devem ser criticamente consideradas antes da seleção do processo de desinfeção, devido às consequências que podem induzir. Dois exemplos são apontados: a cloração de um efluente tratado por um processo que a fornece. Um elevado nível de nitrificação pode levar à formação de NDMA, que é cancelado; a presença de concentrações em SST típicas de secundário (na ordem dos 35 mg/L) é um impedimento à adequada eficiência do processo de desinfeção por radiação UV, uma vez que as partículas em suspensão presentes na água actuam como escudos protectores dos agentes patogénicos, reduzindo a sua exposição à radiação. Uma possível consequência da baixa eficiência da desinfeção pode ser a continuação da multiplicação dos agentes patogénicos (o chamado recrescimento), ou a recuperação de microrganismos apenas parcialmente afectados pelo agente desinfetante, ou por encontrarem condições favoráveis. capazes de se multiplicar, por exemplo em biofilmes formados nas paredes de condutas e reservatórios.

Tomando como critérios de comparação técnico-económica dos processos os métodos mais comuns de desinfeção de águas residuais tratadas - factores a considerar na seleção do processo - eficiência do processo na inativação de microrganismos patogénicos e sua fiabilidade, risco do agente desinfetante para o homem e animais, disponibilidade no mercado e custo, facilidade de transporte e armazenamento, viabilidade e impactos ambientais -, conclui-se que nenhum dos processos de desinfeção é completamente satisfatório [UE, 2006].

A cloração tem a desvantagem de formar compostos cancerígenos, mas é de aplicação vantajosa nos casos em que é necessário evitar a contaminação após a desinfeção. A ozonização tem custos de investimento e de O&M mais elevados, pelo que a sua aplicação se justifica quando é necessário combinar a sua ação desinfetante com outros objectivos de qualidade da água a reutilizar, como por exemplo a remoção da cor. A desinfeção por radiação UV apresenta elevados custos de O&M devido ao consumo de energia e de lâmpadas.

Uma solução que tem sido procurada nos últimos anos é a combinação sinérgica de dois processos de desinfeção, nomeadamente com novos processos de oxidação avançados, como a combinação de radiação UV com peróxido de hidrogénio ($H_2O_2$) ou com ácido peracético.

A cloração é o processo de desinfeção da água através da adição de cloro molecular ou de compostos clorados e tem sido amplamente praticada desde o início do século XX. Os compostos clorados utilizados na desinfeção da água são apresentados a seguir, por ordem de volume utilizado:

–Hipoclorito de sódio (NaOCl), utilizado como solução aquosa;
–Cloro gasoso (Cl 2);
–Dióxido de cloro (ClO 2);
–Cloraminas: monocloramina (NH 2 Cl); dicloramina (NHCl 2); tricloramina (NCl 3 )
–Hipoclorito de cálcio [Ca (OCl) 2].
A inativação de microrganismos patogénicos pela cloração deve-se a danos na membrana celular e também a alterações na atividade do ADN dos microrganismos, causadas pelo ataque do cloro. A Tabela 7-11 compara as vantagens e desvantagens da desinfeção por cloração:

Quadro 7-11 - Vantagens e desvantagens dos resíduos de desinfeção da água tratados por cloração

| Benefícios | Desvantagens |
|---|---|
| Inativação de um vasto tipo de agentes patogénicos. | Formação de subprodutos perigosos da desinfeção (compostos organoclorados) por |
|  | reação   com substâncias orgânicas e inorgânicas compostos presentes na água. |
| A permanência do teor de cloro residual. | Riscos associados à utilização de compostos de cloro, nomeadamente cloro gasoso. |
| Flexibilidade de dosagem | Baixa eficiência para alguns agentes patogénicos, como protozoários e ovos de helmintas. |
| Economia | Possibilidade de dar à água um cheiro e um sabor |

O cloro gasoso Cl 2 é fornecido liquefeito, transportado em cilindros de aço ou em auto-tanques. A despressurização vaporiza o líquido, que é injetado na água, dando origem à formação de ácido clorídrico (HCl) e ácido hipocloroso (HOCl), que se dissocia em H+ e OCl - . A forma não dissociada do ácido hipocloroso (HOCl) é muito mais eficaz na inativação de microrganismos, nomeadamente bactérias, do que o ião hipoclorito.

O Cl 2 reage com compostos orgânicos e inorgânicos, tais como cianetos, sulfuretos, sulfitos, nitritos, brometos, ferro e manganês. O teor de (HOCl) e de (OCl -) remanescente após as reacções referidas é designado por cloro residual livre e é utilizado para avaliar a eficiência da desinfeção. infeção, uma vez que é mais eficiente do que o cloro combinado sob a forma de cloraminas.

O dióxido de cloro (ClO 2) é um poderoso desinfetante gasoso, que tem de ser produzido in situ, uma vez que a sua instabilidade e reatividade são desproporcionadas. selecionar transporte. O dióxido de cloro é produzido pela reação do Cl 2 com o clorito de sódio (NaO2Cl). A vantagem do dióxido de cloro é que não reage com substâncias presentes na água e, portanto, não tem origem em estações de organoclorados como o cloro. No entanto, esta vantagem, bem como a de não causar impactos adversos nos ecossistemas, só é assegurada se não houver excesso de Cl 2 proveniente da produção de dióxido de cloro, o que exige uma dosagem cuidadosa de Cl 2 durante a produção de ClO 2.As cloraminas são um grupo de compostos caracterizados por terem o átomo de cloro menos um ligado a um átomo de azoto trivalente. As cloraminas podem ser um subproduto da desinfeção com hipoclorito de sódio ou cálcio se a água contiver amoníaco e/ou aminas, mas também podem atuar como desinfetante e com vantagem, em algumas situações. A utilização de cloraminas como desinfetante requer a sua produção por adição de cloro e amoníaco, sequencial ou simultaneamente. A monocloramina (NH 2 Cl) é a mais utilizada como desinfetante porque, apesar de ser menos eficiente que o Cl 2, é mais estável, garantindo o seu efeito residual durante mais tempo, e não tem tendência para reagir com compostos orgânicos precursores dos compostos organoclorados. A monocloramina é mais eficaz do que o cloro livre no controlo de biofilmes e bactérias em sistemas com longos tempos de retenção. A monocloramina é utilizada como desinfetante secundário.

A injeção de ozono na água provoca a sua decomposição parcial em radicais OH, que são altamente reactivos mas não contribuem para a destruição de microrganismos patogénicos, reagindo com compostos orgânicos e inorgânicos presentes na água. Daqui resulta uma vantagem adicional da ozonização, que, para além da desinfeção, proporciona a oxidação de teores residuais de pré-poluentes sentidos na água, nomeadamente compostos não biodegradáveis como pesticidas, compostos desreguladores endócrinos, corantes, produtos farmacêuticos e de higiene pessoal, que podem ser removidos até se concentrarem abaixo do seu limite analítico de quantificação [UE, 2006]. A utilização destes compostos resulta numa diminuição da concentração de SST e TOC na água e no aumento do teor de CQO solúvel e de CBO. Ao contrário dos desinfectantes clorados, o ozono não dá lugar à formação de compostos halogenados, a não ser que exista brometo na água, situação em que dá lugar à formação de vários borsch como bromofórmio, dibromo acetonitrilo, etc., dos quais os mais preocupantes são os bromatos (BrO 3) por serem potencialmente cancerígenos e de difícil eliminação. O ozono é muito eficiente na inativação de bactérias, vírus e até protozoários como a Giardia, embora alguns protozoários como o Cryptosporidium parvum sejam mais resistentes, exigindo doses mais elevadas.A radiação ultravioleta (UV) é uma radiação electromagnética longa, entre 4 e 400 nm, correspondente ao espetro de bandas espaciais entre os raios X e a luz visível (Figura 7-3). Ao penetrar nas células, a radiação UV danifica o seu material genético e pode, assim, eliminar, minar ou inativar os microrganismos (afectando a sua capacidade de reprodução). A radiação UV com um comprimento de onda entre 200 e 280 nm é mais eficiente na redução de microrganismos patogénicos, principalmente quando o comprimento de onda da radiação incidente está entre 255 e 265 nm [Asano et al., 2007]. A desinfeção por radiação UV foi aplicada em sistemas de abastecimento de água para consumo humano no início do século XX em Marselha [EU, 2006]. O advento da cloração tornou redundante a aplicação do UV na desinfeção da água. Só após a descoberta, na segunda metade da década de 70 do século XX, do potencial cancerígeno dos compostos organoclorados produzidos pela combinação da matéria orgânica com o cloro, é que a investigação de processos de desinfeção com menor impacto levou a que a desinfeção por UV adquirisse grande popularidade, sobretudo nos anos mais recentes, desde meados da década de 90, e principalmente na desinfeção mínima de águas residuais tratadas destinadas a reutilização. Esta evolução deve-se às vantagens desta desinfeção em relação à desinfeção por compostos clorados, como a não formação de compostos organoclorados e a inativação de oocistos de protozoários, tornando-a assim um processo de desinfeção eficaz e com menor impacto ambiental. A exposição à radiação UV danifica os ácidos nucleicos - DNA e RNA - das células. lulas, resultando em morte ou impossibilidade de reprodução. Este mecanismo de inativação afecta a maior parte dos microrganismos patogénicos - bactérias, vírus e até protozoários - mas é menos eficaz para os ovos de helmintas, que são bastante resistentes à penetração da radiação UV. Alguns microrganismos que sobrevivem à exposição à radiação UV, embora estejam inactivados, podem regenerar o seu ADN danificado, quando expostos a radiação visível de 330-500 nm, num processo conhecido como foto-reativação, em que o principal agente é uma enzima chamada fotoliase. Outros microrganismos conseguem o mesmo efeito na ausência de luz, através de um mecanismo de reparação que utiliza moléculas de proteínas, denominado "reativação no escuro". A reativação no escuro pode ocorrer no interior das condutas. Os fenómenos de foto-reativação e de reativação no escuro podem ser evitados através da aplicação de uma dose de radiação UV que minimize o número de microrganismos com capacidade de reativação.

### 3.4.2 Processos naturais

Os processos naturais de tratamento de águas residuais tiram partido dos mecanismos naturais dos ecossistemas para remover os poluentes e os microrganismos presentes nas águas residuais. Estes mecanismos incluem muitos dos que são intensamente utilizados nas ETAR convencionais. efeitos, nomeadamente sedimentação, filtração, adsorção, precipitação química, transferência de gases, reacções redox, reacções bioquímicas, para além de outros mecanismos específicos dos sistemas de tratamento, como a fotossíntese, a fotooxidação e a exportação pelas plantas. A grande diferença entre os processos naturais e os mecânicos reside na velocidade das operações e dos processos de tratamento, que no primeiro caso decorre a um ritmo "natural", enquanto no segundo é muito acelerado por equipamentos electromecânicos, razão pela qual os processos intensivos requerem uma área de implantação muito menor, justificando que os processos naturais de tratamento sejam também conhecidos como "processos extensivos". Outra diferença significativa reside no facto de nos processos naturais os vários mecanismos de depuração ocorrerem em simultâneo, enquanto nas ETARs ocorrem sequencialmente em tanques e reactores individuais.

O tratamento de águas residuais começou por ser constituído por processos naturais, no século XIX, sendo progressivamente remetido para o esquecimento durante a primeira metade do século XX, à medida que se foram desenvolvendo os chamados processos de tratamento convencionais. Nos anos 60 a legislação ambiental norte-americana veio dar um novo impulso aos processos de tratamentos naturais, com a sua filosofia de "descarga zero" e reutilização da água, que culminou no Clean Water Act de 1972 [Angelakis. et al., 2000]. Um preconceito muito comum em alguns meios técnicos é o de que os processos de tratamento natural só são aplicáveis a países menos evoluídos. E se é verdade que existem exemplos aberrantes de instalação de tratamentos intensivos em países em vias de desenvolvimento, não é menos verdade que existem atualmente bons exemplos de aplicação de processos naturais em países desenvolvidos como os EUA, Israel e França, por exemplo. Os processos naturais de tratamento de águas residuais são os seguintes:

a) Tratamento do solo: infiltração lenta, infiltração rápida e escoamento superficial;
b) Tratamentos fitossanitários: canteiros de macrófitas;
c) Sistemas lagunares naturais.

Alguns dos processos naturais de tratamento têm uma aplicação limitada no tratamento de águas residuais para reutilização, como é o caso da drenagem. desenvolvimento superficial. Outros podem ser interessantes em aplicações específicas. físicas, como o tratamento de águas residuais em leitos de macrófitas, que pode ser uma boa aplicação para a conservação e recuperação de habitats. O processo de tratamento por infiltração lenta, que consiste na aplicação ao solo, como se de uma rega se tratasse, de águas residuais sujeitas pelo menos a um tratamento preliminar se tratasse, pode ser adaptado. reutilização para rega, se o coberto vegetal for uma cultura ou uma floresta, devendo ser considerados os requisitos pertinentes. neste tipo de aplicação. A infiltração rápida e a lagunagem são os processos naturais de tratamento com maior interesse para efeitos de utilização da água, não só por permitirem o tratamento de caudais viáveis para posterior reutilização, como também por possibilitarem a produção de água de boa qualidade química e microbiológica, compatível com diversas aplicações de reutilização, incluindo a rega sem restrições e a reutilização. carga aquífera. Nas secções seguintes é feita uma descrição destes processos naturais.

### 3.4.3 Tratamento de águas residuais no solo por infiltração rápida - bacias de infiltração

O processo de tratamento de águas residuais por infiltração rápida consiste na infiltração através do solo de águas residuais, sujeitas pelo menos a um tratamento preliminar, aplicadas a uma carga hidráulica significativamente mais elevada do que no caso da infiltração lenta. A infiltração rápida pode ser efectuada através de furos de injeção direta ou de bacias de infiltração. No primeiro caso, a água infiltrada atinge rapidamente as águas subterrâneas. As bacias de infiltração são grandes bacias praticadas no solo, periodicamente. inundadas com águas residuais, que depois se infiltram no solo. Devem existir sempre pelo menos duas bacias, uma das quais permanece em repouso, enquanto a outra efectua o seu ciclo de infiltração. Durante o repouso, as lamas retidas no fundo da bacia são secas e removidas por raspagem com uma máquina retroescavadora.

A água tratada pelo seu percurso na coluna de solo pode ser recuperada para posterior reutilização através de um sistema de drenagem incorporado por tubagem perfurada ou utilizando orifícios de entrada. A infiltração rápida em bacias de infiltração consiste no chamado tratamento solo-aquífero (SAT), um processo que é também um método de recarga de aquíferos, mas que não requer tratamento de águas residuais duais tão completo antes da infiltração, antes constituindo um processo de tratamento natural, que chega mesmo à desinfeção, pois ao infiltrar-se a água tem mecanismos naturais de depuração dessas águas, como a filtração que reduz o teor de SS e CBO, a precipitação de fósforo, a nitrificação-desnitrificação, a remoção de microrganismos. incluindo vírus, filtração, adsorção às partículas do solo, predação e dessecação.

A maior parte destes processos depurativos ocorre nos primeiros centímetros da camada superficial do solo. Embora a gradação biológica dos compostos orgânicos e a nitrificação-desnitrificação ocorram tanto n a zona insaturada como na zona saturada do solo, a remoção dos microrganismos é muito mais eficiente na camada não-saturada. Se o objetivo do tratamento do solo inclui a desinfeção da água, deve-se procurar um solo com textura uniforme e profundidade não saturada superior a 3 metros [Reed et al., 1995].

A infiltração rápida em furos de injeção é muito mais um método de recarga de aquíferos do que um processo natural de tratamento do solo. Eficaz, embora a água injectada em furos de infiltração rápida no solo sofra um refinamento das suas caraterísticas, essa injeção direta exige que as águas residuais sejam submetidas a uma linha de tratamento que garanta a não poluição do lençol freático subjacente, rapidamente atingida pela água infiltrada. Este tratamento antes da injeção através de furos inclui normalmente um tratamento secundário, seguido de filtração e desinfeção. O bom desempenho do processo de tratamento de águas residuais em bacias de infiltração depende essencialmente da permeabilidade do solo, que por sua vez depende da natureza desse solo (estrutura e textura) e da carga hidráulica aplicada. O solo deve ser grosseiro, de modo a permitir uma elevada taxa de infiltração, mas não tão grosseiro que não garanta a filtração das águas residuais. Os solos com uma permeabilidade da ordem dos 25 mm/h são adequados para uma infiltração rápida. A carga hidráulica a aplicar nas bacias de infiltração é da ordem de 1 a 4 mm 3 /ha/ano [Bower, 1991], o que corresponde a uma infiltração de alguns centímetros por dia durante o ciclo de carga.

### 3.4.4 Remoção de sólidos dissolvidos

A remoção de sólidos dissolvidos pode ser importante para afinar o efluente para posterior reutilização, principalmente em algumas aplicações. actividades industriais e nos casos em que as águas residuais brutas apresentam elevada salinidade. A remoção de sólidos dissolvidos é conseguida por processos de membranas em que a água é separada dos sólidos em solução através da aplicação de uma pressão contrária à pressão osmótica. A pressão osmótica é a força por unidade de superfície da membrana que provoca a difusão das moléculas de água através da membrana da solução menos concentrada para a solução mais concentrada (salmoura), tentando atingir um equilíbrio de concentração em ambos os lados da membrana. O mecanismo dos processos de remoção de sólidos dissolvidos na água baseia-se na aplicação de pressão à membrana. de maior intensidade em sentido contrário à pressão osmótica, obriga a que os sólidos dissolvidos passem através da membrana, reduzindo a concentração de água. A nanofiltração (NF) e a osmose inversa (OI) são os dois processos de membrana que se baseiam neste mecanismo e são empregues para remover os sólidos dissolvidos da água.A NF e a OI são processos de membrana, tal como a MF e a UF (ver 7.6.3.4), que diferem na dimensão da porosidade das membranas e no mecanismo de remoção dos constituintes da água. Enquanto na MF e na UF a porosidade é mais elevada e permite a remoção de partículas em suspensão coloidal por retenção nos poros, a porosidade das membranas na nanofiltração (NF) e na osmose inversa (HI) é mais reduzida e permite a separação de partículas em solução por aplicação de pressão osmótica no sentido inverso. O mecanismo da nanofiltração (NF) e da osmose inversa (HI) é idêntico, sendo a principal diferença a capacidade de remoção de iões monovalentes como o $Na^+$ e o $Cl^-$ , que é superior no processo de osmose inversa. É importante ter em atenção algumas limitações inerentes aos índices de tratabilidade, nomeadamente as condições de ensaio no que diz respeito à pressão (constante durante o ensaio) e ao caudal (variável) não coincidem com as condições reais de funcionamento, onde acontece o contrário. O pré-tratamento da água para afinar as suas caraterísticas antes de passar pelo processo NF ou OI e a limpeza das membranas são os métodos de controlo da colmatagem das membranas. A limpeza das membranas NF e IO utiliza a varredura hidráulica aplicada periodicamente para limitar a deposição de sólidos nas membranas e a limpeza química através da passagem de soluções de alto pH (para a remoção de matéria orgânica) e baixo pH (para a remoção de carbonatos precipitados), juntamente com detergentes.

Os processos de NF produzem o chamado concentrado, solução concentrada. tratada na remoção dos sólidos dissolvidos. O destino final do concentrado pode levantar alguns problemas no que respeita ao impacto ambiental do concentrado, não só por se tratar de água com elevado teor de sólidos dissolvidos (elevada salinidade), cuja descarga no solo ou nas linhas de água pode afetar a vegetação e o biota, já que alguns dos iões presentes no concentrado podem ser elementos tóxicos, como o arsénio e metais pesados. Em instalações de menor porte, onde o volume de concentrado é reduzido, o impacto ambiental do destino final desses resíduos é menos relevante. Entre as opções possíveis para o destino final do concentrado, destaque as seguintes como sendo as mais aplicáveis:

a) Descarga na rede de colectores - viável para pequenos volumes de concentrados até 20 mg/l de SDT;

b) Mistura com efluentes descarregados no mar através de emissários submarinos;
c) Lagoas de evaporação;
d) Eliminação de resíduos banais ou perigosos em aterros, consoante a classificação do concentrado;

e) Descarga no mar - solução adequada para instalações localizadas em zonas costeiras, onde a remoção da salinidade do efluente pode ser um objetivo frequente, mas também noutros locais, onde seja necessário meios de transporte do concentrado para o meio recetor marítimo;

f) Descarga em águas de superfície interiores - solução possível para volumes mais pequenos.

## 3.5 Sistemas de armazenamento e distribuição

Os sistemas de armazenamento de águas residuais tratadas são dimensionados para cumprir um ou mais dos seguintes objectivos:
- garantia dos volumes de água para fins operacionais;
- satisfação de possíveis tipos de reutilização;
- gestão dos volumes sazonais e eventualmente de emergência e controlo dos caudais, que podem ainda ser considerados como um volume morto para a deposição. secção de matéria sólida.

O objetivo do armazenamento operacional é assegurar volumes de água para compensar as flutuações das solicitações horárias ao longo do dia e de dia para dia (à semelhança de uma roda de regularização na distribuição de água) e permitir o bom funcionamento das redes de distribuição e aplicação, a regularização do funcionamento das bombas, o equilíbrio de cargas piezométricas e as reservas de emergência. Normal mente, as infra-estruturas de armazenamento têm funções de regularização, alimentando diretamente as redes de distribuição e aplicação, e permitindo compensar as flutuações de consumo face a um regime constante ou a partir do sistema de abastecimento (normalmente a partir de uma ETAR).

O SAART também permite a gestão de volumes de água sazonais, através do armazenamento a longo prazo. O consumo de água nas actividades de reutilização é tipicamente superior à média nos meses de verão e inferior à média nos meses de inverno. O armazenamento a longo prazo de volumes gerados no inverno para reutilização no verão torna-se assim bastante inútil. O armazenamento de longa duração durante o verão para utilização no inverno só se justifica, especialmente em zonas onde a opção de descarregar efluentes tratados no meio recetor, durante períodos de seca, é muito limitada.

As reservas de emergência destinam-se a prevenir situações acidentais de combate a incêndios e falhas na produção de água para reutilização devido a paragem da ETAR ou das estações elevatórias - ou devido a falha mecânica, ou devido a falta de energia -, danos nas condutas e variações pontuais na qualidade da água tratada. Os reservatórios de emergência são tanto mais eficazes na resolução de carências de abastecimento quanto mais próximos estiverem dos utilizadores. selecionável que se localizem dentro das instalações do utilizador.O dimensionamento hidráulico dos sistemas de armazenamento com a função de regularização pode seguir o que está definido no Decreto Regulamentar 23/95, de 23 de agosto, para os reservatórios de água potável. Assim, a sua capacidade deve ser o somatório das necessidades de regularização, que depende das flutuações que devem ser normalizadas de forma a minimizar os custos de investimento e da reserva de emergência. Na dimensão dos sistemas de abastecimento e armazenamento devem ser considerados os seguintes volumes:

–Volume horário máximo de funcionamento: deve ser calculado para cobrir as flutuações horárias ao longo do dia de maior consumo (com base nas diferenças entre o consumo máximo horário e o consumo máximo diário do mês de maior consumo e o número de períodos de ponta de consumo), sendo o sistema de abastecimento normalmente dimensionado para o caudal máximo do dia de maior consumo;

–Volume máximo diário de funcionamento: deve ser calculado para cobrir as flutuações diárias ao longo do mês de maior consumo (com base nas diferenças entre o consumo máximo diário e o consumo médio diário do ano de maior consumo e o número de dias de consumo máximo);

–Volume de armazenamento sazonal: deve considerar a soma dos volumes mensais de consumo que excedem os volumes fornecidos;

–Volume anual de armazenamento: o volume de armazenamento deve considerar a soma dos volumes mensais fornecidos que excedam os volumes de consumo.

A parcela de regularização diária pode também ser calculada a partir de uma curva típica de consumo, definida à saída do sistema de armazenamento, e da lei das flutuações do caudal de abastecimento, definida à entrada do sistema de armazenamento, fazendo um balanço dos volumes acumulados (entradas e saídas). A reutilização de águas residuais simultaneamente para múltiplas aplicações pode conduzir a diferentes picos de consumo. Um SAART que seja utilizado para rega agrícola e usos urbanos não potáveis e industriais pode apresentar um pico noturno para a primeira atividade, e um pico durante o dia para as últimas, à semelhança do que acontece com os períodos de consumo pontual nas redes de distribuição de água para consumo humano. Bro. Por este motivo, a estimativa dos volumes a armazenar deve ser considerada. dar o número de picos de utilização ao longo do dia. A seleção do tipo de estrutura de armazenamento a utilizar (reservatórios em betão ou metálicos ou tanque de terra) depende, entre outros, de factores como o tipo e as caraterísticas do solo, a topografia, a área disponível, o período de armazenamento, o clima, a localização do lençol freático, os períodos e a frequência de utilização, bem como os custos de investimento, exploração e manutenção. Podem ainda ser instalados reservatórios intercalares nos sistemas que regularizam o transporte de água, regularizando transições entre dois escalões elevatórios e entre um troço bombeado e um troço bombeado. gravítico. Os SAARTs podem também ser utilizados para fornecer água para combate a incêndios, pelo que devem ter um volume de armazenamento adicional, correspondente ao período de combate a incêndios previsíveis nas redes de abastecimento público (4 horas). Os reservatórios ou tanques parcialmente enterrados são mais comuns. indicados para o armazenamento de efluentes com baixa concentração de sólidos, podendo ser abertos ou fechados. os reservatórios ou tanques totalmente enterrados são geralmente utilizados em locais com elevado declive onde exista energia suficiente para atribuição de adução e degravação ou quando, por limitações da área envolvente, não seja possível enquadrá-los com outras estruturas existentes.

Para obviar ao aumento de volume associado à precipitação, comum em estruturas do tipo aberto (tanques ou lagoas), estas devem ser dimensionadas. consideradas o aumento de volume associado à precipitação média mensal, o que aumentará significativamente o volume total de armazenamento. desenvolvimento, tornando-as economicamente inviáveis. Como alternativa, deve ser considerado o estudo técnico-económico comparativo com uma reserva com cobertura flutuante, que permite o desvio das águas pluviais.

Quando o armazenamento dos efluentes é prolongado, podem ser geradas condições anaeróbias, dependendo do nível de tratamento utilizado a montante, com a produção de gases como o amoníaco, sulfureto de hidrogénio, hidrogénio (sulfureto de hidrogénio), dióxido de carbono, e metano, alguns tóxicos acima de determinadas concentrações (ex.: sulfureto de hidrogénio), outros insuflados. (ex.: gás metano), cuja libertação para a atmosfera pode acarretar inconvenientes para a população vizinha. Nestas condições, a utilização de um sistema de cobertura flutuante e o controlo da produção de gás podem ser soluções eficazes para minorar o problema.

Na conceção e dimensionamento das redes de transporte, distribuição e aplicação de águas residuais tratadas (RDART) devem ser utilizados critérios semelhantes aos assumidos para uma rede de distribuição de água para consumo humano, cuja utilização é recomendada. componentes e acessórios, diâmetros de condutas, e pressões de serviço, utilizando-se, no entanto, uma identificação específica que as distinga das redes de abastecimento. Os diferentes componentes da RDART podem ser dimensionados com base nos caudais horários de ponta, sendo os volumes de armazenamento estimados com base nas necessidades.

As RDART devem ser concebidas de modo a permitir o seu funcionamento de acordo com as necessidades e sem interrupções. No entanto, em aplicações onde existam restrições de horários ou períodos do dia para utilização da água, as redes e seus componentes podem ser projectados para funcionar de forma intermitente. Este tipo de funcionamento, no entanto, pode aumentar os picos de consumo e exigir maior capacidade de rega do que no caso em que a água é utilizada de forma contínua, para além de exigir cuidados redobrados na conceção dos sistemas de armazenamento. Para além disso, devem ser definidos procedimentos de reinício do sistema, bem como a previsão do destino final da água retida no interior das condutas, caso a qualidade destas se tenha alterado e se torne inadequada a sua utilização. Quando o RDART não está equipado com sistemas de controlo de consumo, os reservatórios operacionais podem apresentar volumes significativos, que é possível reduzir se for instalado um sistema de programação. Este tipo de operação é suscetível de trazer em termos de custos de exploração, uma vez que os custos de energia genética serão reduzidos se os sistemas de elevação forem programados. para operar em períodos de baixo custo energético.

O dimensionamento do RDART deve considerar as condições de topo. gráficos, os consumos de ponta, os caudais necessários ao combate a incêndios e as cotas necessárias para elevação ou distribuição ao ponto de utilização, podendo ser definidos pisos de distribuição quando a topografia é muito acentuada e a energia disponível para transporte é elevada. As velocidades mínimas recomendadas são de 0,3 m/s (caudal médio diário) e 0,6 m/s (caudal de ponta), de modo a evitar a ocorrência de depósitos de materiais nas condutas.

Os consumos para as diferentes aplicações de reutilização apresentam cotações tão diferentes ao longo do dia, da semana, do mês e do ano e, por isso, são afectados por um fator de pico caraterístico. Os caudais das horas de pico, que são utilizados para dimensionar os grupos electrogéneos, as bombas e as condutas de distribuição, podem ser estimados utilizando factores de ponta que têm sido utilizados na conceção de sistemas de abastecimento de água para consumo humano.

Capítulo 4: Conclusão

Em algumas situações, a reutilização de águas residuais tratadas exige o aperfeiçoamento das caraterísticas dos efluentes das estações de tratamento construídas para a proteção ambiental do meio que recebe o seu efluente. Esta afinação assenta, em grande medida, em operações e processos unitários. rios caudalosos, adoptando simultaneamente novas tecnologias de desinfeção

# CAPÍTULO 4
## CONCLUSÃO

Em algumas situações, a reutilização de águas residuais tratadas exige o aperfeiçoamento das caraterísticas dos efluentes das estações de tratamento construídas para a proteção ambiental do meio que recebe o seu efluente. Esta afinação assenta, em grande medida, em operações e processos unitários. rios caudalosos, adoptando simultaneamente novas tecnologias de desinfeção

–processo cada vez mais necessário no domínio da reutilização da água
– e para eliminar quantidades residuais de poluentes químicos.

A desinfeção com radiação UV e ozonização, a microfiltração e a ultrafiltração são exemplos de processos avançados cuja aplicação nas águas residuais para reutilização se tem tornado cada vez mais usual. Em alguns casos, a solução adequada consiste em afinar as caraterísticas das águas residuais tratadas antes da reutilização, não sendo necessário recorrer a tecnologias sofisticadas. A conceção da linha de tratamento não deve ser dissociada do conceito de barreiras múltiplas que podem ser estabelecidas no caso concreto e da fiabilidade das tecnologias de tratamento. A limitação do espaço disponível para introduzir tratamento adicional - a situação da cor nas estações de tratamento existentes. Podem ocorrer situações em que não é clara a aplicabilidade de soluções de tratamento equitativas. Nestes casos, será aconselhável recorrer a estudos numa instalação piloto, de forma a avaliar a adequabilidade. qualidade do tratamento para o fim pretendido e recolha de dados de apoio ao dimensionamento.A aceitação pública é também um fator importante para o sucesso dos projectos de reutilização de águas residuais tratadas, e só pode ser conquistada através do estabelecimento de uma estratégia de comunicação que envolva os promotores do projeto e o público, incluindo nesta designação, não apenas o público em geral, mas todos os grupos com interesse no projeto, como os utilizadores de água para reutilização, os potenciais utilizadores, as autoridades governamentais centrais, regionais e locais, grupos ambientalistas, líderes políticos, académicos, etc. O tempo e o modo de estabelecimento do programa de comunicação determinam o seu sucesso e a consequente aceitação pública do projeto. A transparência do processo é essencial para ganhar a confiança e a aceitação do público e isto tem de ser considerado na preparação. do conteúdo da informação e dos mecanismos da sua transmissão. No entanto, estes projectos contêm uma série de benefícios intrínsecos. que tornam a sua análise mais complexa e menos centrada nos aspectos puramente financeiros. Numa fase em que os potenciais utilizadores do serviço podem ainda demonstrar algum ceticismo quanto à sua utilidade. a tecnologia disponível é ainda algo dispendiosa e, por isso, os custos globais de um projeto de reutilização são ainda significativos, pode justificar-se, numa fase transitória, subsidiar este tipo de investimento.Uma situação de crise pode ser entendida como aquela em que os problemas mas operacionais implicam a ocorrência altamente provável ou mesmo de um risco para a saúde pública ou um risco financeiro para a entidade. gestor do SRART. As crises devem ser tratadas de forma adequada em termos de comunicação com o público, caso contrário, as actividades assumem proporções excessivas, nomeadamente nos órgãos de comunicação social, criando uma imagem negativa do gestor junto do público e das entidades oficiais. Consequentemente, devem existir planos de comunicação preparados para aplicar em situações de crise. Uma lista de respostas preparadas deve ser fornecida aos funcionários responsáveis pelo contacto com o público, como a rececionista de uma entidade ou o porta-voz da entidade. Outra ferramenta que pode ser útil na comunicação em situações de crise é uma lista de especialistas que não podem ser chamados a comentar a situação.

# REFERÊNCIAS

Avellán, T. e Gremillion, P., 2019. Zonas húmidas construídas para a recuperação de recursos nos países em desenvolvimento. Renewable and Sustainable Energy Reviews, 99, pp.42-57.

Bdour, A.N., Hamdi, M.R. e Tarawneh, Z., 2009. Perspectivas sobre tecnologias sustentáveis de tratamento de águas residuais e opções de reutilização nas zonas urbanas da região mediterrânica. Desalination, 237(1-3), pp.162-174.

Chrispim, M.C., Scholz, M. e Nolasco, M.A., 2019. Recuperação de fósforo do tratamento de águas residuais municipais: Revisão crítica dos desafios e oportunidades para os países em desenvolvimento. Jornal de gestão ambiental, 248, p.109268.

Chrispim, M.C., Scholz, M. e Nolasco, M.A., 2020. Um quadro para a recuperação de recursos de estações de tratamento de águas residuais em megacidades de países em desenvolvimento. Investigação Ambiental, 188, p.109745.

Cornejo, P.K., 2015. Sustentabilidade Ambiental de Estações de Tratamento de Águas Residuais Integradas com Recuperação de Recursos: O Impacto do Contexto e da Escala. Universidade do Sul da Flórida.

Crawford, G. e Eng, P., 2010. Technology roadmap for sustainable wastewater treatment plants in a carbon-constrained world (Roteiro tecnológico para estações de tratamento de águas residuais sustentáveis num mundo com restrições de carbono). Water Environment Research Foundation.

Crawford, G.V., 2010. Melhores práticas para o tratamento sustentável de águas residuais: estudo de caso inicial incorporando a experiência europeia e o conceito de ferramenta de avaliação.

Foglia, A., Bruni, C., Cipolletta, G., Eusebi, A.L., Frison, N., Katsou, E., Akyol, Ç. e Fatone, F., 2021. Avaliação do valor socioeconómico de soluções inovadoras de recuperação de materiais validadas em estações de tratamento de águas residuais existentes. Journal of Cleaner Production, 322, p.129048.

Gu, Y., Li, Y., Li, X., Luo, P., Wang, H., Robinson, Z.P., Wang, X., Wu, J. e Li, F., 2017. A viabilidade e os desafios das estações de tratamento de águas residuais auto-suficientes em termos energéticos. Applied Energy, 204, pp.1463-

1475.

Gu, Y., Li, Y., Li, X., Luo, P., Wang, H., Wang, X., Wu, J. e Li, F., 2017. Estações de tratamento de águas residuais auto-suficientes em energia: viabilidade e desafios. Energy Procedia, 105, pp.3741-3751.

Guest, J.S., Skerlos, S.J., Barnard, J.L., Beck, M.B., Daigger, G.T., Hilger, H., Jackson, S.J., Karvazy, K., Kelly, L., Macpherson, L. e Mihelcic, J.R., 2009. Um novo paradigma de planeamento e conceção para conseguir uma recuperação sustentável dos recursos das águas residuais.

Hamilton, A.J., Stagnitti, F., Xiong, X., Kreidl, S.L., Benke, K.K. e Maher, P., 2007. Wastewater irrigation: the state of play. Vadose zone journal, 6(4), pp.823-840.

Hao, X., Wang, X., Liu, R., Li, S., van Loosdrecht, M.C. e Jiang, H., 2019. Impactos ambientais da recuperação de recursos das estações de tratamento de águas residuais. Investigação sobre a água, 160, pp.268- 277.

Kehrein, P., Van Loosdrecht, M., Osseweijer, P., Garfí, M., Dewulf, J. e Posada, J., 2020. A critical review of resource recovery from municipal wastewater treatment plants-market supply potentials, technologies and bottlenecks. Environmental Science: Investigação e Tecnologia da Água, 6(4), pp.877-910.

Laugesen, C. e Fryd, O., 2009, dezembro. Sustainable Wastewater Management in Developing Countries: New Paradigms and Case Studies from the Field. Sociedade Americana de Engenheiros Civis.

Laugesen, C.H., Fryd, O., Koottatep, T. e Brix, H., 2010. Sustainable wastewater management in developing countries: new paradigms and case studies from the field. Sociedade Americana de Engenheiros Civis (ASCE).

Meena, R.A.A., Kannah, R.Y., Sindhu, J., Ragavi, J., Kumar, G., Gunasekaran, M. e Banu, J.R.,2019.Tendências e recuperação de recursos no sistema de tratamento biológico de águas residuais. Relatórios de tecnologia de biorrecursos, 7, p.100235.

Mo, W. e Zhang, Q., 2013. Nexo energia-nutrientes-água: Recuperação integrada de recursos em estações de tratamento de águas residuais municipais. Jornal de gestão ambiental, 127, pp.255- 267.

Moondra, N., Jariwala, N.D. e Christian, R.A., 2021. Tratamento de águas residuais com base em microalgas: uma mudança de paradigma para os países em desenvolvimento. International Journal of Phytoremediation, 23(7), pp.765-771.

Nisar, M.B., Shah, S.A.R., Tariq, M.O. e Waseem, M., 2020. Tratamento e utilização sustentáveis de águas residuais: Um sistema concetual inovador de solução de reciclagem para a recuperação de recursos hídricos. Sustentabilidade, 12(24), p.10350.

Papa, M., Foladori, P., Guglielmi, L. e Bertanza, G., 2017. Até que ponto estamos a fechar o ciclo de recuperação de recursos de águas residuais? Uma imagem real das estações de tratamento de águas residuais municipais em Itália. Jornal de gestão ambiental, 198, pp.9-15.

Puyol, D., Batstone, D.J., Hülsen, T., Astals, S., Peces, M. e Krömer, J.O., 2017. Recuperação de recursos de águas residuais por tecnologias biológicas: oportunidades, desafios e perspetivas. Fronteiras em microbiologia, 7, p.2106.

Walsh, P.R., 2011. Criar uma cadeia de "valores" para o desenvolvimento sustentável nos países em desenvolvimento: onde Maslow encontra Porter. Ambiente, Desenvolvimento e Sustentabilidade, 13(4), pp.789-805.

Wang, X., McCarty, P.L., Liu, J., Ren, N.Q., Lee, D.J., Yu, H.Q., Qian, Y. e Qu, J., 2015.

Avaliação probabilística da integração da recuperação de recursos no tratamento de águas residuais para melhorar a sustentabilidade ambiental. Actas da Academia Nacional de Ciências, 112(5), pp.1630-1635.

Yadav, G., Mishra, A., Ghosh, P., Sindhu, R., Vinayak, V. e Pugazhendhi, A., 2021. Viabilidade técnica, económica e ambiental das tecnologias de recuperação de recursos a partir de águas residuais. Science of The Total Environment, 796, p.149022.

# I want morebooks!

Buy your books fast and straightforward online - at one of world's fastest growing online book stores! Environmentally sound due to Print-on-Demand technologies.

Buy your books online at
**www.morebooks.shop**

Compre os seus livros mais rápido e diretamente na internet, em uma das livrarias on-line com o maior crescimento no mundo! Produção que protege o meio ambiente através das tecnologias de impressão sob demanda.

Compre os seus livros on-line em
**www.morebooks.shop**

Printed by Books on Demand GmbH, Norderstedt / Germany